講義のはじめに

はじめまして

　はじめまして。河合塾数学科の荻島です。この本は，現在数学があまり得意ではないが，受験までにはなんとか得意にしたい，というすべての高校生，受験生のために書いた本です。もちろん，教科書レベルがイマイチな人でも大丈夫です。教科書レベルからシッカリていねいに解説していきます。君たちに必要なのは，数学が得意になりたいという情熱と，そうなるための努力です。

　今の日本は努力さえすれば，医者にも弁護士にもメガバンクの役員にもなれる可能性があります。君たちは未来の可能性のために，今，努力しましょう。私が全力でサポートしていきます。

数学は「なぜ，そうなるのか」の理解が大切

　数学は公式だけ覚えても，「なぜそうなるのか？」を理解していないと，なかなか入試レベルの問題まで解けるようにはなりません。本書は「なぜそうなるか？」を君たちに理解してもらうために，徹底的に詳しく解説をしています。

　しかし，簡単な問題ばかりではないので，一度読んだだけでは理解できないところがあるでしょう。そこは何度も読み直して，徐々に理解を深めていってください。

　君たちにはその地道な努力が必要です。地道な努力によって誰だって，数学の得点力を必ず身につけることができるはずです。

本書で扱う分野

　本書は数学Ⅰ・Aのうち，「図形の性質」，「図形と計量」を扱います。

　数学Ⅰ・Aの分野では，「数と式」，「2次関数」，「図形の性質」，「図形と計量」，「場合の数」，「確率」，「整数の性質」を学習します。これらは通常，高校1年生で学習する内容ですが，決して簡単な分野ではないため，残念ながら，1年生で数学が嫌いになってしまう生徒が多くいます。

　数学Ⅰ・Aの中でも「図形と計量」では「三角比」を扱います。この分野では，数多くの公式がでてきますが，具体的な問題を解きながら一つ一つ身につけていきましょう。「図形の性質」では，三角形，円に関する様々な公式を学習していきます。入試では他分野との融合問題として数多く出題されます。「図形と計量」「図形の性質」ともに非常に重要な分野ですので，ぜひ，がんばってついてきてください。

本書の学習目標

　本書は，数学が苦手，模試で点数がとれない，「このままではマズイ，なんとかしたい」と思っている人に向けています。

　本書の目標は「偏差値60を確実にとる」ことです。「偏差値60を確実にとれる」状況とは，入試でよく出てくる標準的な問題を確実に得点できる状態です。決して難問が解ける状況ではありません。そのために本書では入試であまり見かけないような問題は一切扱っていません。

　模試を受けてみて，解答を見れば分かるけれども，自力では解けない，という経験はないですか？　そういう人は本書を使って学習していけば，どんどん模試で問題が解けるようになりますよ！

　最後になりましたが，常日頃から私の授業をサポートしてくださる河合塾のスタッフの方々，様々な助言をくださる河合塾の諸先輩方々，技術評論社の渡邉悦司さん，そして私を支えてくださっている全ての方々にこの場を借りて感謝申し上げます。本当にありがとうございました。

2014年3月　荻島 勝

本書の見方

　本書は数学Ⅰ・Aのうち,「図形と計量」,「図形の性質」の2つの分野を2部構成で説明しています。部のなかには講が5あり,各講は複数の単元にわかれています。また,各分野の最初にはガイダンスを設け,要点をコンパクトにまとめています。また,「例題」が29と「センター問題」が5あり,知識を着実に定着することができます。

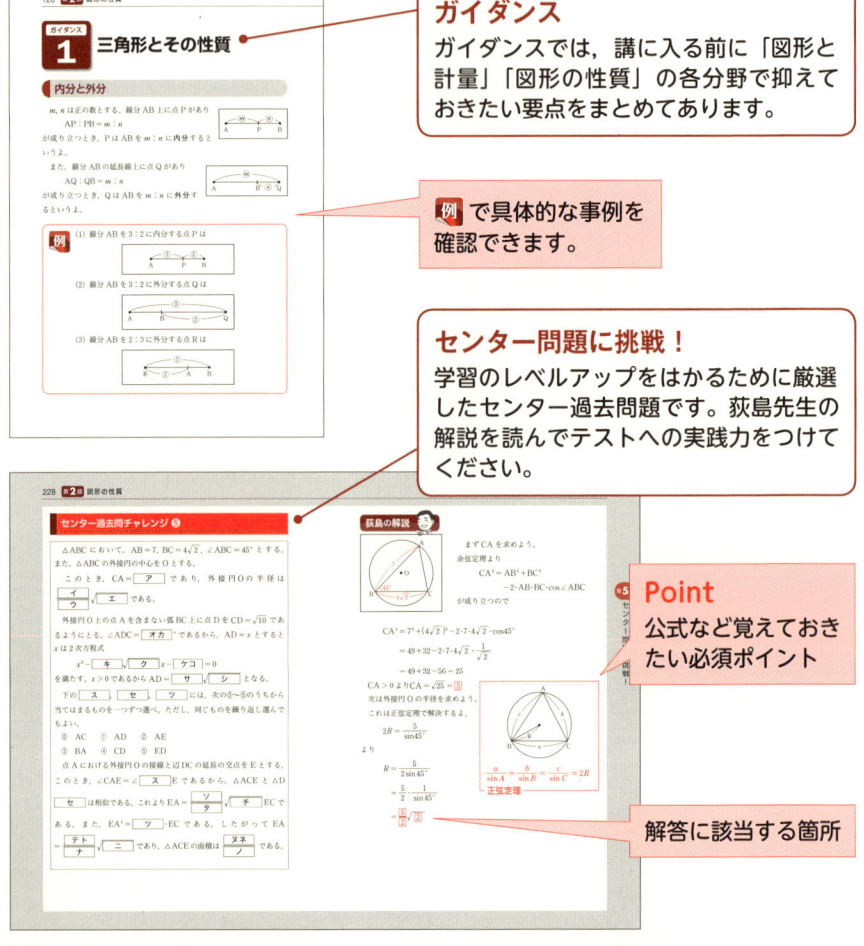

ガイダンス
ガイダンスでは,講に入る前に「図形と計量」「図形の性質」の各分野で抑えておきたい要点をまとめてあります。

例 で具体的な事例を確認できます。

センター問題に挑戦！
学習のレベルアップをはかるために厳選したセンター過去問です。荻島先生の解説を読んでテストへの実践力をつけてください。

Point
公式など覚えておきたい必須ポイント

解答に該当する箇所

本書の見方

単元 のテーマ
講の中にあるのが単元です。単元で学習するテーマが書かれています。

例題 と 荻島の解説
例題と解説です。荻島先生の講義で、問題をていねいに理解して、得点アップの力をつけてください。

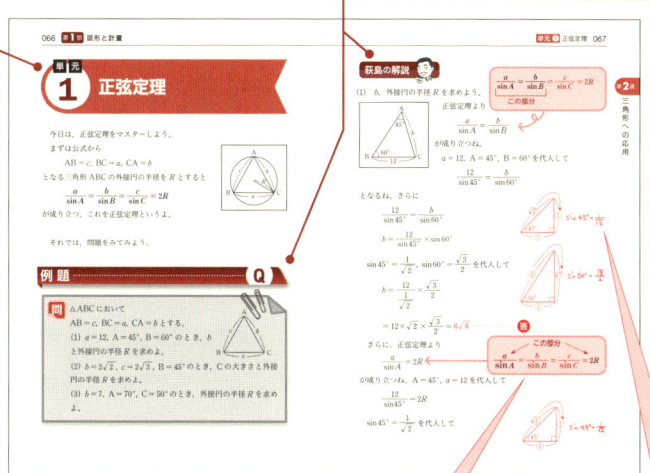

随所にある荻島先生の書き込み

補足ポイント
理解を助ける補足や+αの知識が書かれています。

解答
各例題の終わりに、解答が見やすくコンパクトにまとまっています。

まとめ
絶対覚えておきたい重要ポイントです。各単元の最後に入っています。

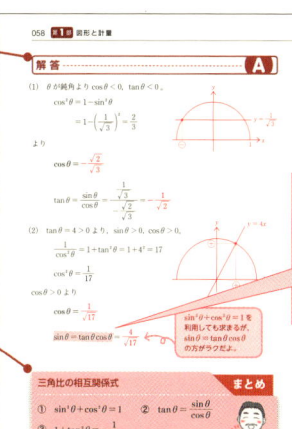

マーキング
補足・ポイントなどで、注目したいところがすぐわかります。

目次

- 講義のはじめに ……………………………………………………………… 001
- 本書の見方 …………………………………………………………………… 004

第1部 「図形と計量」

- ガイダンス
  - 1 三角比 …………………………………………………………………… 010
  - 2 三角形への応用 ………………………………………………………… 018

第1講 三角比

- 単元1 三角比の定義 ………………………………………………………… 024
- 単元2 180°までの三角比 …………………………………………………… 032
- 単元3 三角不等式 …………………………………………………………… 042
- 単元4 $90°\pm\theta$, $180°-\theta$ の公式 ………………………………………… 049
- 単元5 三角比の相互関係式 ………………………………………………… 055
- 単元6 $\sin\theta+\cos\theta=k$ ………………………………………………… 059

第2講 三角形への応用

- 単元1 正弦定理 ……………………………………………………………… 066
- 単元2 余弦定理 ……………………………………………………………… 072
- 単元3 三角形の面積と内接円の半径 ……………………………………… 077
- 単元4 角を二等分する線分の長さ ………………………………………… 083
- 単元5 三角関数の最大・最小 ……………………………………………… 086
- 単元6 $\sin A:\sin B:\sin C=a:b:c$ ……………………………………… 090
- 単元7 円に内接する四角形 ………………………………………………… 093
- 単元8 中線の長さ …………………………………………………………… 100
- 単元9 三角形の形状問題 …………………………………………………… 105
- 単元10 三角不等式 …………………………………………………………… 112
- 単元11 【発展】18°, 36°の三角比 …………………………………………… 118

第2部　「図形の性質」

● ガイダンス
- **1** 三角形とその性質 …………………………………… 126
- **2** 円の性質 …………………………………………… 133

第3講　三角形とその性質
- 単元1 角の二等分線の定理 …………………………… 140
- 単元2 重心 ……………………………………………… 144
- 単元3 内心 ……………………………………………… 149
- 単元4 外心 ……………………………………………… 154
- 単元5 垂心 ……………………………………………… 158
- 単元6 傍心 ……………………………………………… 162
- 単元7 メネラウスの定理 ……………………………… 168
- 単元8 チェバの定理 …………………………………… 172

第4講　円の性質
- 単元1 円に内接する四角形 …………………………… 176
- 単元2 接弦定理 ………………………………………… 180
- 単元3 方べきの定理 …………………………………… 184
- 単元4 共通接線の長さ ………………………………… 188

第5講　センター問題に挑戦！
- 単元1 センター過去問チャレンジ① ………………… 194
- 単元2 センター過去問チャレンジ② ………………… 203
- 単元3 センター過去問チャレンジ③ ………………… 211
- 単元4 センター過去問チャレンジ④ ………………… 221
- 単元5 センター過去問チャレンジ⑤ ………………… 228

● まとめINDEX ………………………………………… 235
● さくいん ……………………………………………… 238

第1部 「図形と計量」

第1部「図形と計量」では「三角比」「三角形への応用」を学習します。公式が数多く出てきますが，公式は具体的な問題を解きながら一つ一つ身につけて下さい。また，「三角比」は数Ⅱの「三角関数」へつながる分野ですので，しっかり学習しておきましょう。

ガイダンス

1 三角比
2 三角形への応用

三角比

三角比の定義

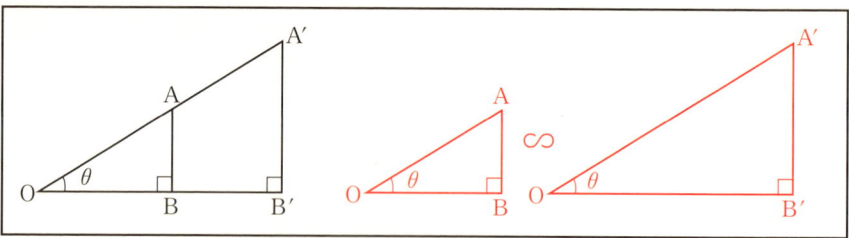

上の図において $\triangle OAB \infty \triangle OA'B'$ となるので

$$\frac{AB}{OA} = \frac{A'B'}{OA'}, \quad \frac{OB}{OA} = \frac{OB'}{OA'}, \quad \frac{AB}{OB} = \frac{A'B'}{OB'}$$

となるね。これらの値を $\sin\theta, \cos\theta, \tan\theta$ で表すよ。

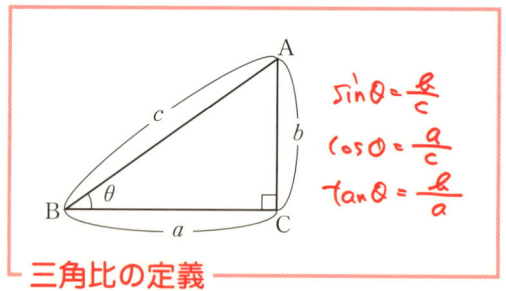

三角比の定義

θ はシータと読むよ。また sin はサインと読み，日本語では正弦，cos はコサインと読み，日本語では余弦，tan はタンジェントと読み，日本語では正接というよ。

右の図の三角形 ABC において

$$\sin\theta = \frac{4}{5}$$

$$\cos\theta = \frac{3}{5}$$

$$\tan\theta = \frac{4}{3}$$

となるよ。

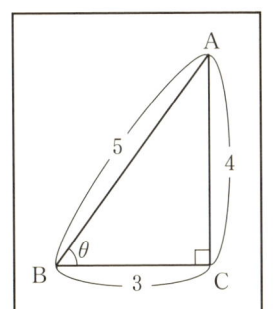

三角比の相互関係

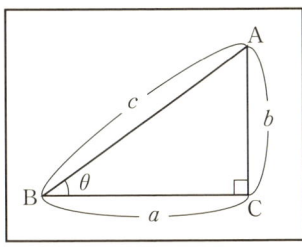

左図において

$$\sin\theta = \frac{b}{c},\ \cos\theta = \frac{a}{c},\ \tan\theta = \frac{b}{a}$$

となったので

$$b = c\sin\theta,\ a = c\cos\theta$$

が成り立つね。

このことから

$$\tan\theta = \frac{b}{a} = \frac{c\sin\theta}{c\cos\theta} = \frac{\sin\theta}{\cos\theta}$$

$$\boldsymbol{\tan\theta = \frac{\sin\theta}{\cos\theta}}$$

が成り立つね。

また △ABC は直角三角形だから

$$a^2 + b^2 = c^2$$

が成り立つので

$$(c\cos\theta)^2 + (c\sin\theta)^2 = c^2$$

$$c^2\cos^2\theta + c^2\sin^2\theta = c^2$$

$a = c\cos\theta,\ b = c\sin\theta$ を代入

両辺を c^2 で割って

$$\boldsymbol{\cos^2\theta + \sin^2\theta = 1}$$

が成り立つね。

また両辺を $\cos^2\theta$ で割ると

$$1+\frac{\sin^2\theta}{\cos^2\theta}=\frac{1}{\cos^2\theta}$$

ここで $\tan\theta=\dfrac{\sin\theta}{\cos\theta}$ となっているので

$$1+\tan^2\theta=\frac{1}{\cos^2\theta}$$

$$\frac{\sin^2\theta}{\cos^2\theta}=\left(\frac{\sin\theta}{\cos\theta}\right)^2=\tan^2\theta$$

が成り立つよ。

---

① $\tan\theta=\dfrac{\sin\theta}{\cos\theta}$

② $\sin^2\theta+\cos^2\theta=1$

③ $1+\tan^2\theta=\dfrac{1}{\cos^2\theta}$

三角比の相互関係式

$(\sin\theta)^2$, $(\cos\theta)^2$, $(\tan\theta)^2$ はそれぞれ、$\sin^2\theta$, $\cos^2\theta$, $\tan^2\theta$ と書くよ。

例 $\cos\theta=\dfrac{2}{3}$ $(0°<\theta<90°)$ のとき

$$\sin^2\theta+\cos^2\theta=1$$

より

$$\sin^2\theta=1-\cos^2\theta=1-\frac{4}{9}=\frac{5}{9}$$

$\sin\theta>0$ より $\sin\theta=\dfrac{\sqrt{5}}{3}$

$$\tan\theta=\frac{\sin\theta}{\cos\theta}=\frac{\frac{\sqrt{5}}{3}}{\frac{2}{3}}=\frac{\sqrt{5}}{2}$$

となるよ。

90°−θ の三角比

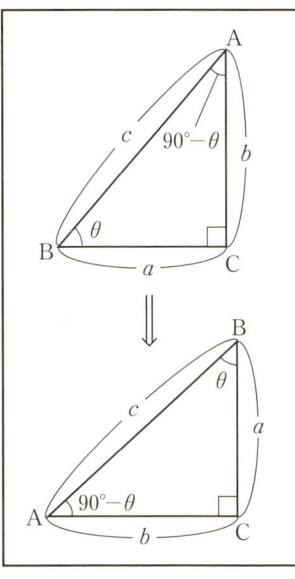

左図において

$$\sin\theta = \frac{b}{c} \quad \cdots\cdots ①$$

$$\cos\theta = \frac{a}{c} \quad \cdots\cdots ②$$

だったね。

ここで $\angle BAC = 90°-\theta$ となるので

$$\sin(90°-\theta) = \frac{a}{c} \quad \cdots\cdots ②'$$

$$\cos(90°-\theta) = \frac{b}{c} \quad \cdots\cdots ①'$$

①と①',②と②'が等しいので

$$\cos(90°-\theta) = \sin\theta, \ \sin(90°-\theta) = \cos\theta$$

が成り立つね。

また

$$\tan(90°-\theta) = \frac{\sin(90°-\theta)}{\cos(90°-\theta)} = \frac{\cos\theta}{\sin\theta} = \frac{1}{\tan\theta}$$

$$\therefore \ \tan(90°-\theta) = \frac{1}{\tan\theta}$$

が成り立つよ。

$\cos(90°-\theta) = \sin\theta$

$\sin(90°-\theta) = \cos\theta$

$\tan(90°-\theta) = \dfrac{1}{\tan\theta}$

90°−θ の三角比

$\sin 60° = \sin(90°-30°) = \cos 30°$
$\cos 40° = \cos(90°-50°) = \sin 50°$
$\tan 70° = \tan(90°-20°) = \dfrac{1}{\tan 20°}$
が成り立つよ。

三角比と座標

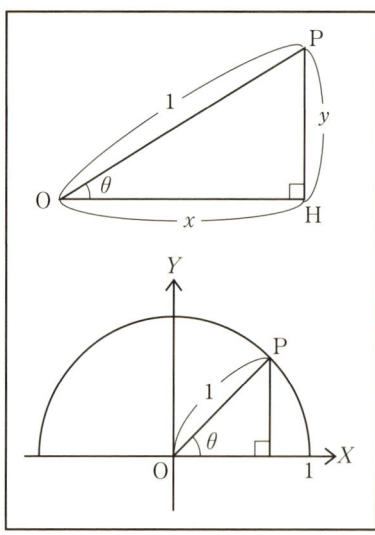

斜辺の長さが1の直角三角形を考えよう。左図において
$$\cos\theta = \frac{x}{1} = x,\ \sin\theta = \frac{y}{1} = y,$$
$$\tan\theta = \frac{y}{x}$$
となるね。

つまり、Oを中心とし半径1の円周上に点 $P(X, Y)$ をとったとき
$$X = \cos\theta$$
$$Y = \sin\theta$$
$$\frac{Y}{X} = \tan\theta$$
となるね。

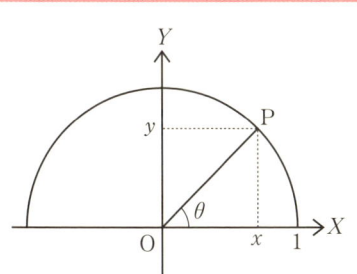

左図において

$x = \cos\theta$　cosθは x座標

$y = \sin\theta$　sinθは y座標

$\dfrac{y}{x} = \tan\theta$　tanθは OPの傾き

三角比と座標

半径1の円を**単位円**というよ。

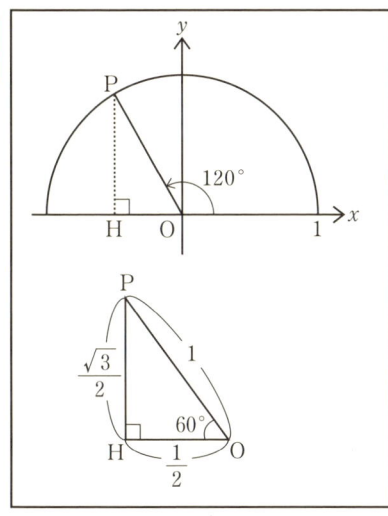

単位円において，$\theta = 120°$ とすると

$\cos 120° = -\dfrac{1}{2}$

$\sin 120° = \dfrac{\sqrt{3}}{2}$

$\tan 120° = -\sqrt{3}$

となるよ。

$90°+\theta$ の三角比

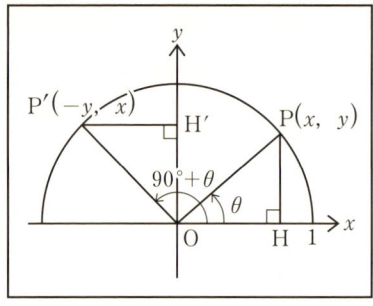

左図のように∠POH＝θ, ∠P'OH＝$90°+\theta$ とすると △OPH≡△OP'H' となるので, P(x, y) のとき P'($-y$, x) となるね。よって

$$\cos(90°+\theta) = -\sin\theta$$
$$\sin(90°+\theta) = \cos\theta$$

が成り立つよ。

また

$$\tan(90°+\theta) = \frac{\sin(90°+\theta)}{\cos(90°+\theta)} = \frac{\cos\theta}{-\sin\theta} = -\frac{1}{\tan\theta}$$

∴ $\tan(90°+\theta) = -\dfrac{1}{\tan\theta}$

が成り立つよ。

$\cos(90°+\theta) = -\sin\theta$

$\sin(90°+\theta) = \cos\theta$

$\tan(90°+\theta) = -\dfrac{1}{\tan\theta}$

── $90°+\theta$ の三角比 ──

$\cos 120° = \cos(90°+30°) = -\sin 30°$

$\sin 100° = \sin(90°+10°) = \cos 10°$

$\tan 110° = \tan(90°+20°) = -\dfrac{1}{\tan 20°}$

が成り立つよ。

180°−θ の三角比

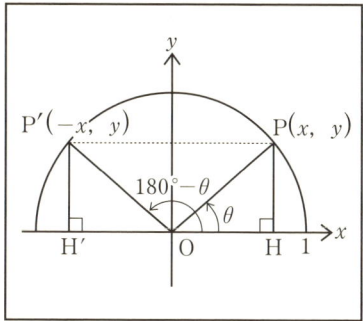

左図のように∠POH＝θ，∠P′OH＝180°−θ とすると △OPH≡△OP′H′ となるので，P(x, y) のとき P′($-x$, y) となるね。よって

$$\cos(180°-\theta) = -\cos\theta$$
$$\sin(180°-\theta) = \sin\theta$$

が成り立つよ。

また

$$\tan(180°-\theta) = \frac{\sin(180°-\theta)}{\cos(180°-\theta)} = \frac{\sin\theta}{-\cos\theta} = -\tan\theta$$

∴ $\tan(180°-\theta) = -\tan\theta$

が成り立つよ。

> $\cos(180°-\theta) = -\cos\theta$
> $\sin(180°-\theta) = \sin\theta$
> $\tan(180°-\theta) = -\tan\theta$
>
> ―― 180°−θ の三角比 ――

$\cos 110° = \cos(180°-70°) = -\cos 70°$
$\sin 120° = \sin(180°-60°) = \sin 60°$
$\tan 130° = \tan(180°-50°) = -\tan 50°$
が成り立つよ。

三角形への応用

正弦定理

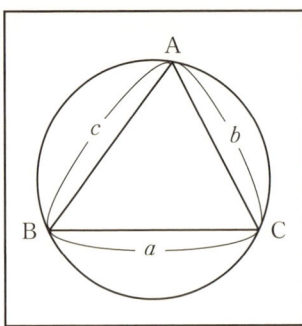

三角形 ABC の 3 つの頂点 A, B, C を通る円を三角形 ABC の外接円というよ。三角形 ABC に対して，次の**正弦定理**が成り立つよ。

> 三角形 ABC の外接円の半径を R とすると
> $$\frac{a}{\sin A} = \frac{b}{\sin B} = \frac{c}{\sin C} = 2R$$

正弦定理

(1) △ABC で $b=15$, $c=15\sqrt{3}$, $B=30°$ のとき

$$\frac{15}{\sin 30°} = \frac{15\sqrt{3}}{\sin C}$$

$$\sin C = \frac{\sqrt{3}}{2}$$

∴ $C = 60°$, $120°$ となるよ。

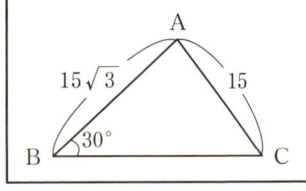

(2) △ABC で $A=30°$, $a=4$ のとき

$$2R = \frac{4}{\sin 30°}$$

$$R = \frac{2}{\sin 30°} = 4$$

となるよ。

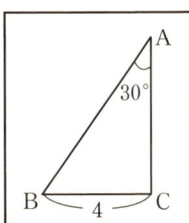

余弦定理

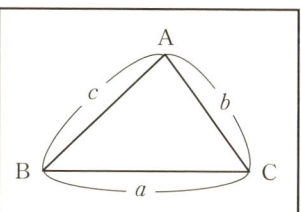

三角形 ABC に対して，次の余弦定理が成り立つよ。

$$a^2 = b^2 + c^2 - 2bc\cos A$$
$$b^2 = c^2 + a^2 - 2ca\cos B$$
$$c^2 = a^2 + b^2 - 2ab\cos C$$

余弦定理

△ABC で $A = 60°$, $c = 4$, $b = 7$ のとき
$$a^2 = 4^2 + 7^2 - 2\cdot 4\cdot 7\cdot \cos 60°$$
$$= 16 + 49 - 28$$
$$= 37$$
∴ $a = \sqrt{37}$ となるよ。

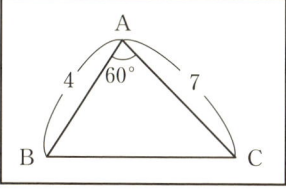

また
$$a^2 = b^2 + c^2 - 2bc\cos A$$
より
$$2bc\cos A = b^2 + c^2 - a^2$$
$$\cos A = \frac{b^2 + c^2 - a^2}{2bc}$$

両辺を $2bc$ で割る

となるよ。同様にして
$$\cos B = \frac{c^2 + a^2 - b^2}{2ca}$$
$$\cos C = \frac{a^2 + b^2 - c^2}{2ab}$$
となるよ。

三角形の面積

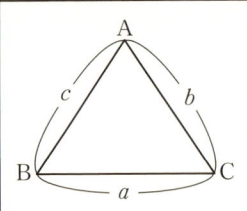

三角形 ABC の面積を S とすると

$$S = \frac{1}{2}ca\sin B = \frac{1}{2}ab\sin C = \frac{1}{2}bc\sin A$$

が成り立つよ。

 △ABC で $a = 12$, $b = 15$, $C = 60°$ であるとき△ABC の面積 S は

$$S = \frac{1}{2} \times 12 \times 15 \times \sin 60°$$
$$= \frac{1}{2} \times 12 \times 15 \times \frac{\sqrt{3}}{2}$$
$$= 45\sqrt{3}$$

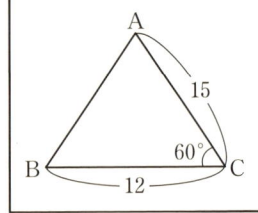

となるよ。

三角形の内接円と面積

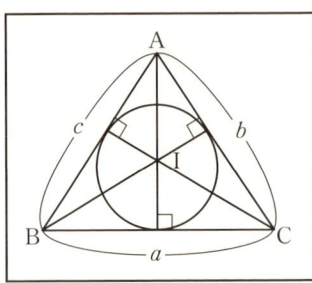

三角形 ABC の面積を S, 内接円の半径を r とすると

$$S = \frac{r}{2}(a+b+c)$$

が成り立つよ。

△ABC で $a=4$, $b=5$, $c=6$ であるとき

(1) $\cos A$ の値は

$$\cos A = \frac{6^2+5^2-4^2}{2\cdot 6\cdot 5} = \frac{3}{4}$$

(2) $\sin A$ の値は

$$\sin A = \sqrt{1-\cos^2 A} = \sqrt{1-\left(\frac{3}{4}\right)^2} = \frac{\sqrt{7}}{4}$$

(3) △ABC の面積 S は

$$S = \frac{1}{2}\times 6\times 5\times \sin A$$

$$= \frac{1}{2}\times 6\times 5\times \frac{\sqrt{7}}{4} = \frac{15\sqrt{7}}{4}$$

(4) 内接円の半径を r とすると

$$\frac{15\sqrt{7}}{4} = \frac{r}{2}(4+5+6)$$

$$\therefore r = \frac{\sqrt{7}}{2}$$

column 黄金比 (golden ratio)

今回は「黄金比 (golden ratio)」の話をしていこう。

$\dfrac{1+\sqrt{5}}{2}$ を黄金比というんだ。

まず，黄金比を計算によって求めていこう。

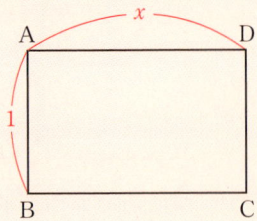

まず，上図のような長方形 ABCD を考えよう。

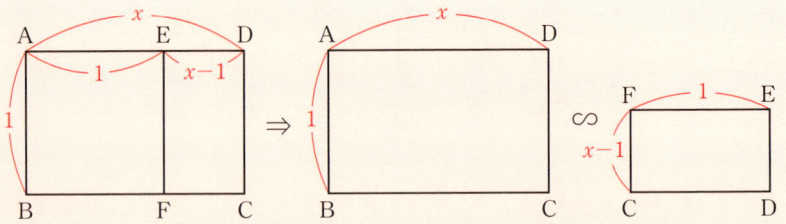

この長方形から，正方形 ABFE を切り取ったとき，長方形 FCDE がもとの長方形 ABCD と相似となる条件を考えよう。

192 ページにつづく

第1部 「図形と計量」

第1講 三角比

- **単元1** 三角比の定義
- **単元2** 180°までの三角比
- **単元3** 三角不等式
- **単元4** $90°\pm\theta$, $180°-\theta$ の公式
- **単元5** 三角比の相互関係式
- **単元6** $\sin\theta+\cos\theta=k$

第1講のポイント

第1講「三角比」では「三角比の定義」「180°までの三角比」「三角不等式」「$90°\pm\theta$, $180°-\theta$ の公式」などを扱います。特に「$90°\pm\theta$, $180°-\theta$ の公式」は多くの受験生が苦手とする公式なので, しっかりマスターしましょう。

単元1 三角比の定義

今日からは三角比を勉強していこう。

まずは三角比の定義から始めるよ。

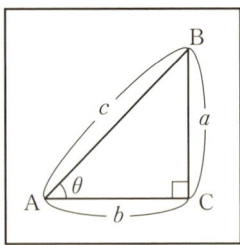

直角三角形 ABC において，AB $= c$，BC $= a$，CA $= b$ とおき，$\angle$BAC $= \theta$（シータ）とするとき，

$$\sin\theta = \frac{a}{c}$$

$$\cos\theta = \frac{b}{c}$$

$$\tan\theta = \frac{a}{b}$$

と定義するよ。

特に $\theta = 30°$，$45°$，$60°$ に対する三角比の値は重要だよ。

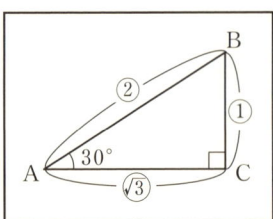

$\boxed{\theta = 30° \text{のときは}}$

$$\sin 30° = \frac{\text{BC}}{\text{AB}} = \frac{1}{2}$$

$$\cos 30° = \frac{\text{CA}}{\text{AB}} = \frac{\sqrt{3}}{2}$$

$$\tan 30° = \frac{\text{BC}}{\text{CA}} = \frac{1}{\sqrt{3}}$$

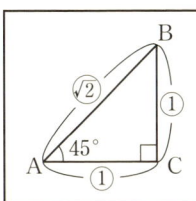

θ = 45°のときは

$$\sin 45° = \frac{BC}{AB} = \frac{1}{\sqrt{2}}$$

$$\cos 45° = \frac{CA}{AB} = \frac{1}{\sqrt{2}}$$

$$\tan 45° = \frac{BC}{CA} = \frac{1}{1} = 1$$

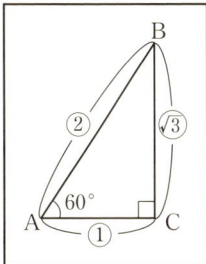

θ = 60°のときは

$$\sin 60° = \frac{BC}{AB} = \frac{\sqrt{3}}{2}$$

$$\cos 60° = \frac{CA}{AB} = \frac{1}{2}$$

$$\tan 60° = \frac{BC}{CA} = \frac{\sqrt{3}}{1} = \sqrt{3}$$

これらの結果は非常に重要だから，しっかり覚えてね。表にしておくよ。

θ	30°	45°	60°
$\sin\theta$	$\frac{1}{2}$	$\frac{1}{\sqrt{2}}$	$\frac{\sqrt{3}}{2}$
$\cos\theta$	$\frac{\sqrt{3}}{2}$	$\frac{1}{\sqrt{2}}$	$\frac{1}{2}$
$\tan\theta$	$\frac{1}{\sqrt{3}}$	1	$\sqrt{3}$

それでは，問題をみてみよう！

例題

 (1) 次の θ について $\sin\theta, \cos\theta, \tan\theta$ の値を求めよ。

(i) 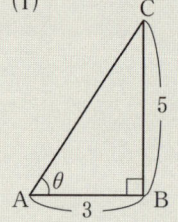 (ii)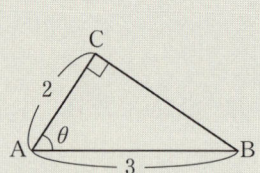

(2) 次の三角形の残りの辺 AB, BC の長さを求めよ。

(i) 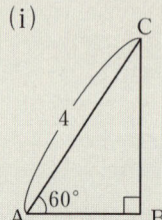 (ii) 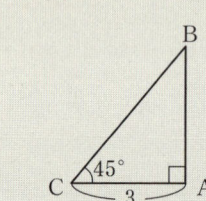 (iii)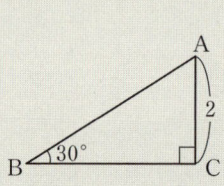

荻島の解説

(1) (i)

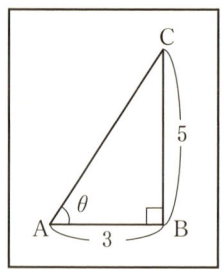

直角三角形だから，AB と BC が分かっているので CA が求まるね。

$$CA^2 = AB^2 + BC^2$$ ← 三平方の定理
$$= 3^2 + 5^2$$
$$= 9 + 25$$
$$= 34$$
$$\therefore CA = \sqrt{34}$$

よって

$$\sin\theta = \frac{BC}{CA} = \frac{5}{\sqrt{34}}$$

$$\cos\theta = \frac{AB}{CA} = \frac{3}{\sqrt{34}}$$

$$\tan\theta = \frac{BC}{AB} = \frac{5}{3}$$

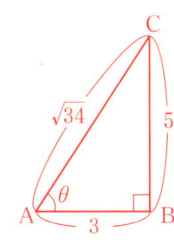

(ii) θ が左下にくるように図を描き直そう。

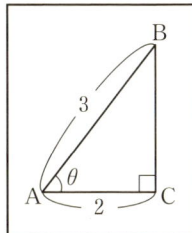

左図のようになるので，BC を求めれば解決するね。

$$AB^2 = CA^2 + BC^2$$

より

$$BC^2 = AB^2 - CA^2$$
$$= 3^2 - 2^2$$
$$= 9 - 4$$
$$= 5$$

$$\therefore BC = \sqrt{5}$$

よって

$$\sin\theta = \frac{BC}{AB} = \frac{\sqrt{5}}{3}$$

$$\cos\theta = \frac{CA}{AB} = \frac{2}{3}$$

$$\tan\theta = \frac{BC}{CA} = \frac{\sqrt{5}}{2}$$

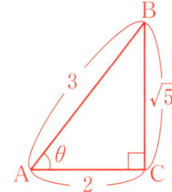

(2) (i)

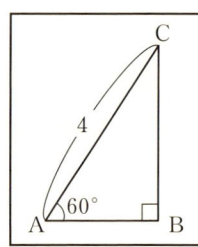

$\cos 60° = \dfrac{1}{2}$ と分かっているので

$$\dfrac{\text{AB}}{4} = \dfrac{1}{2}$$

$$\text{AB} = \dfrac{1}{2} \times 4 = 2$$

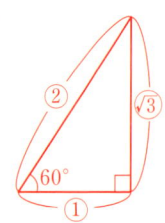

$\sin 60° = \dfrac{\sqrt{3}}{2}$ と分かっているので

$$\dfrac{\text{BC}}{4} = \dfrac{\sqrt{3}}{2}$$

$$\text{BC} = \dfrac{\sqrt{3}}{2} \times 4 = 2\sqrt{3}$$

となるね。

(ii)

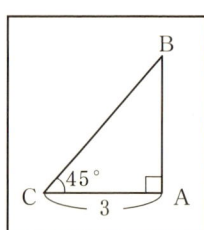

$\cos 45° = \dfrac{1}{\sqrt{2}}$ と分かっているので

$$\dfrac{3}{\text{BC}} = \dfrac{1}{\sqrt{2}}$$

$$\text{BC} = 3\sqrt{2}$$

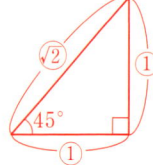

$\tan 45° = 1$ と分かっているので

$$\dfrac{\text{AB}}{3} = 1$$

$$\text{AB} = 3$$

となるね。

(iii)

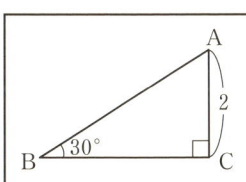

$\sin 30° = \dfrac{1}{2}$ と分かっているので

$$\dfrac{2}{\mathrm{AB}} = \dfrac{1}{2}$$

$$\mathbf{AB} = 4$$

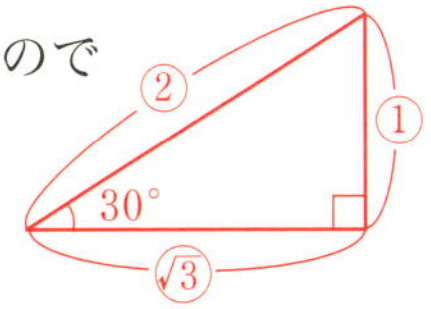

$\tan 30° = \dfrac{1}{\sqrt{3}}$ と分かっているので

$$\dfrac{2}{\mathrm{BC}} = \dfrac{1}{\sqrt{3}}$$

$$\mathbf{BC} = 2\sqrt{3}$$

$\cos 30° = \dfrac{\sqrt{3}}{2}$
$\sin 30° = \dfrac{1}{2}$
$\tan 30° = \dfrac{1}{\sqrt{3}}$

となるね。

それでは，解答をみてみよう。

解答　A

(1) (i) $\mathrm{CA} = \sqrt{\mathrm{AB}^2 + \mathrm{BC}^2}$
$= \sqrt{3^2 + 5^2}$
$= \sqrt{34}$

より

$$\sin\theta = \dfrac{5}{\sqrt{34}},\ \cos\theta = \dfrac{3}{\sqrt{34}},\ \tan\theta = \dfrac{5}{3} \quad\cdots\cdots 答$$

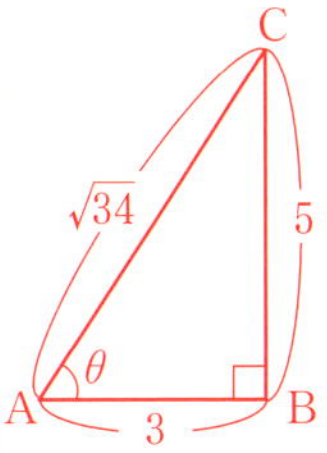

(ii) $\mathrm{BC} = \sqrt{\mathrm{AB}^2 - \mathrm{CA}^2}$
$= \sqrt{3^2 - 2^2}$
$= \sqrt{5}$

より

$$\sin\theta = \dfrac{\sqrt{5}}{3},\ \cos\theta = \dfrac{2}{3},\ \tan\theta = \dfrac{\sqrt{5}}{2} \quad\cdots\cdots 答$$

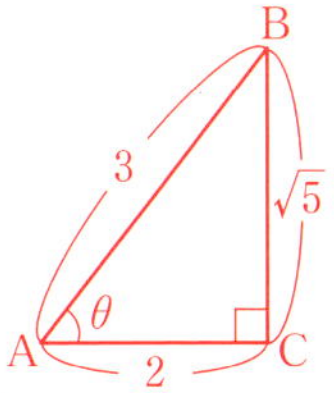

(2) (i) $\cos 60° = \dfrac{1}{2}$

より

$\dfrac{AB}{4} = \dfrac{1}{2}$　∴ $AB = 2$ ……… 答

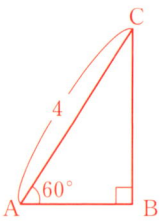

$\sin 60° = \dfrac{\sqrt{3}}{2}$

より

$\dfrac{BC}{4} = \dfrac{\sqrt{3}}{2}$　∴ $BC = 2\sqrt{3}$ ……… 答

(ii) $\cos 45° = \dfrac{1}{\sqrt{2}}$

より

$\dfrac{3}{BC} = \dfrac{1}{\sqrt{2}}$　∴ $BC = 3\sqrt{2}$ ……… 答

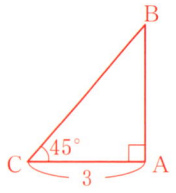

$\tan 45° = 1$

より

$\dfrac{AB}{3} = 1$　∴ $AB = 3$ ……… 答

(iii) $\sin 30° = \dfrac{1}{2}$

より

$\dfrac{2}{AB} = \dfrac{1}{2}$　∴ $AB = 4$ ……… 答

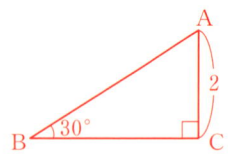

$\tan 30° = \dfrac{1}{\sqrt{3}}$

より

$\dfrac{2}{BC} = \dfrac{1}{\sqrt{3}}$　∴ $BC = 2\sqrt{3}$ ……… 答

三角比の定義　まとめ

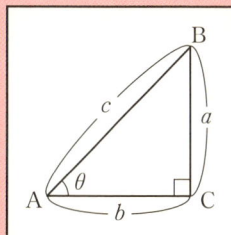

左図において

$$\sin\theta = \frac{a}{c}$$

$$\cos\theta = \frac{b}{c}$$

$$\tan\theta = \frac{a}{b}$$

特に 30°, 45°, 60° の三角比の値は重要だから覚えてね。

θ	30°	45°	60°
$\sin\theta$	$\dfrac{1}{2}$	$\dfrac{1}{\sqrt{2}}$	$\dfrac{\sqrt{3}}{2}$
$\cos\theta$	$\dfrac{\sqrt{3}}{2}$	$\dfrac{1}{\sqrt{2}}$	$\dfrac{1}{2}$
$\tan\theta$	$\dfrac{1}{\sqrt{3}}$	1	$\sqrt{3}$

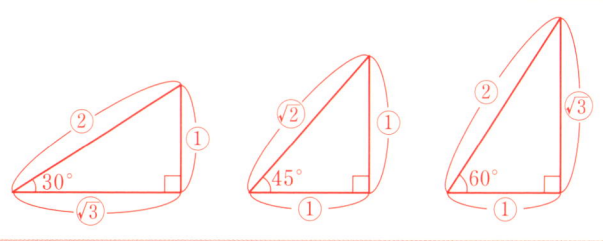

単元 2 180°までの三角比

前回は直角三角形 ABC で
$$\sin\theta = \frac{a}{c}, \ \cos\theta = \frac{b}{c}, \ \tan\theta = \frac{a}{b}$$
を考えたよね。

この場合 θ の範囲は $0° < \theta < 90°$ となるね。

今回は θ が 90°以上の角度も考えられるように三角比を定義していこう。

まず直角三角形 ABC の**斜辺が 1** のときを考えてみよう。

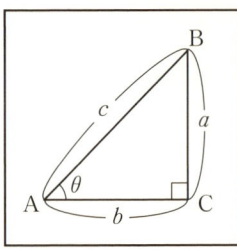

$$\sin\theta = \frac{a}{c}, \ \cos\theta = \frac{b}{c}$$
はそれぞれ
$$\sin\theta = a, \ \cos\theta = b$$
となるね。　　← $c = 1$ を代入

つまり
$$BC = \sin\theta, \ CA = \cos\theta$$
となるね。

ここで，**斜辺の長さが 1** だから，この直角三角形 ABC を**半径 1** の半円に埋め込むことができるでしょう。

このとき $CA = \cos\theta, \ BC = \sin\theta$ だから，B 座標を $B(\cos\theta, \sin\theta)$ と表せるね。

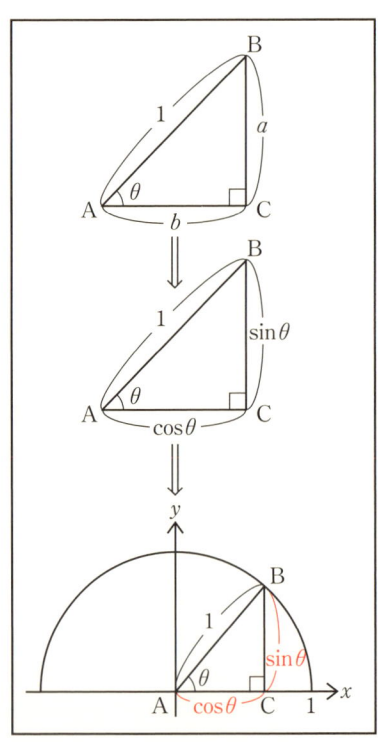

つまり**半径1**の円周上の点の**x座標を$\cos\theta$, y座標を$\sin\theta$** と定義するんだ。

また $\tan\theta$ は

$$\tan\theta = \frac{a}{b} = \frac{\sin\theta}{\cos\theta} = \frac{y}{x}$$

つまり直線の**傾き**で定義するよ。

$\theta = 30°$, $45°$, $60°$ の直角三角形は斜辺の長さが1で考えるよ。

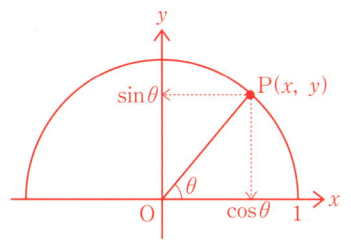

P(x,y)とすると
$x = \cos\theta$
$y = \sin\theta$
$\frac{y}{x} = \tan\theta$

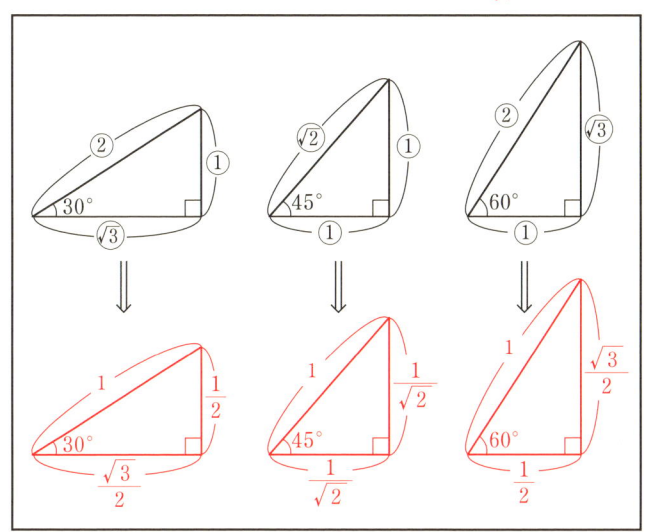

たとえば, $\theta = 30°$ の場合は

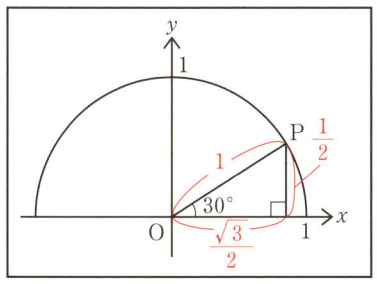

x座標が $\dfrac{\sqrt{3}}{2}$ より $\cos 30° = \dfrac{\sqrt{3}}{2}$

y座標が $\dfrac{1}{2}$ より $\sin 30° = \dfrac{1}{2}$

OP の傾きが $\dfrac{\frac{1}{2}}{\frac{\sqrt{3}}{2}} = \dfrac{1}{\sqrt{3}}$ より $\tan 30° = \dfrac{1}{\sqrt{3}}$

$\theta = 60°$ の場合は

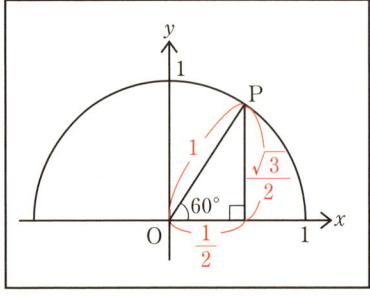

x 座標が $\dfrac{1}{2}$ より　$\cos 60° = \dfrac{1}{2}$

y 座標が $\dfrac{\sqrt{3}}{2}$ より　$\sin 60° = \dfrac{\sqrt{3}}{2}$

OP の傾きが $\dfrac{\frac{\sqrt{3}}{2}}{\frac{1}{2}} = \sqrt{3}$ より

$\tan 60° = \sqrt{3}$

$\theta = 120°$ の場合は

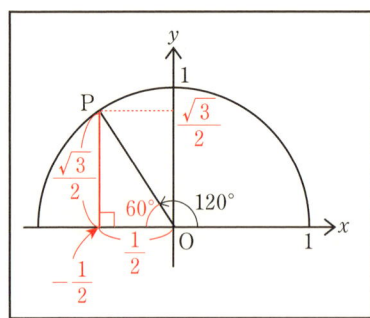

x 座標が $-\dfrac{1}{2}$ より　$\cos 120° = -\dfrac{1}{2}$

y 座標が $\dfrac{\sqrt{3}}{2}$ より　$\sin 120° = \dfrac{\sqrt{3}}{2}$

OP の傾きが $\dfrac{-\frac{\sqrt{3}}{2}}{\frac{1}{2}} = -\sqrt{3}$ より

$\tan 120° = -\sqrt{3}$

それでは問題をみてみよう。

単元 ❷ 180°までの三角比　035

例題

第1講 三角比

問
(1) 次の式の値を求めよ。
　(i) $\sin 120° - \cos 135° + \tan 150°$
　(ii) $\cos 45° \cos 150° - \sin 45° \sin 150°$

(2) $0° \leqq \theta \leqq 180°$ のとき，次の方程式を解け。
　(i) $\sin \theta = \dfrac{1}{2}$
　(ii) $\sqrt{2} \cos \theta + 1 = 0$
　(iii) $\sqrt{3} \tan \theta + 1 = 0$

荻島の解説

(1)(i) $\sin 120° - \cos 135° + \tan 150°$ の値を求めよう。

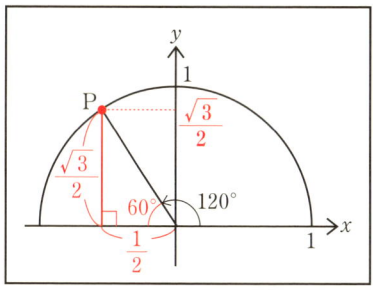

まず $\sin 120°$ は $\theta = 120°$ に対する点の y 座標だね。

$$\sin 120° = \dfrac{\sqrt{3}}{2}$$

$\cos 135°$ は $\theta = 135°$ に対する点の x 座標だね。

$$\cos 135° = -\dfrac{1}{\sqrt{2}}$$

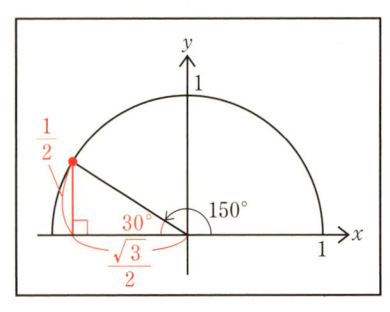

$\tan 150°$ は $\theta = 150°$ に対する点と原点を通る直線の傾きとなるね。

$$\tan 150° = \frac{-\frac{1}{2}}{\frac{\sqrt{3}}{2}} = -\frac{1}{\sqrt{3}}$$

よって

$\sin 120° - \cos 135° + \tan 150°$

$= \frac{\sqrt{3}}{2} - \left(-\frac{1}{\sqrt{2}}\right) + \left(-\frac{1}{\sqrt{3}}\right)$

$= \frac{\sqrt{3}}{2} + \frac{\sqrt{2}}{2} - \frac{\sqrt{3}}{3}$

$= \frac{3\sqrt{3} + 3\sqrt{2} - 2\sqrt{3}}{6}$ ◀ 通分する

$= \frac{\sqrt{3} + 3\sqrt{2}}{6}$ ……………… **答**

(ii) $\cos 45° \cos 150° - \sin 45° \sin 150°$ の値を求めよう。

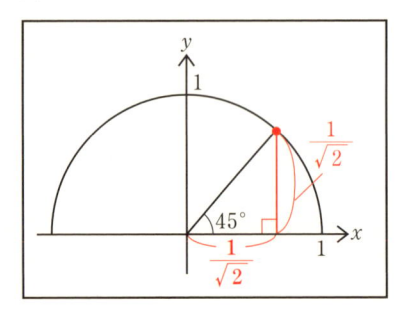

まず $\cos 45°$ は $\theta = 45°$ に対する点の x 座標だから

$$\cos 45° = \frac{1}{\sqrt{2}}$$

単元 ❷ 180°までの三角比　037

第1講 三角比

$\cos 150°$ は $\theta = 150°$ に対する点の x 座標だから

$$\cos 150° = -\frac{\sqrt{3}}{2}$$

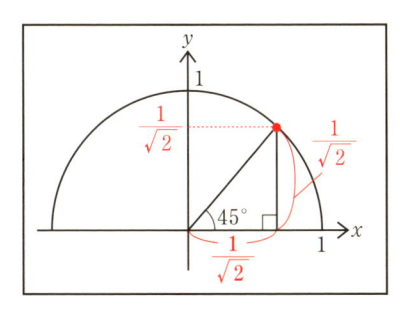

$\sin 45°$ は $\theta = 45°$ に対する点の y 座標だから

$$\sin 45° = \frac{1}{\sqrt{2}}$$

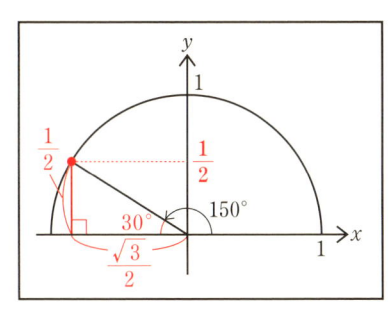

$\sin 150°$ は $\theta = 150°$ に対する点の y 座標だから

$$\sin 150° = \frac{1}{2}$$

よって

$\cos 45° \cos 150° - \sin 45° \sin 150°$

$= \dfrac{1}{\sqrt{2}} \times \left(-\dfrac{\sqrt{3}}{2}\right) - \dfrac{1}{\sqrt{2}} \times \dfrac{1}{2}$

$= \dfrac{-\sqrt{3}}{2\sqrt{2}} - \dfrac{1}{2\sqrt{2}}$

$= \dfrac{-\sqrt{3}-1}{2\sqrt{2}}$　……………… **答**

(2) (ⅰ) $\sin\theta = \dfrac{1}{2}$ $(0°\leqq\theta\leqq 180°)$ を満たす θ を求めよう。

$\sin\theta = \dfrac{1}{2}$ だから y 座標が $\dfrac{1}{2}$ となるよ。

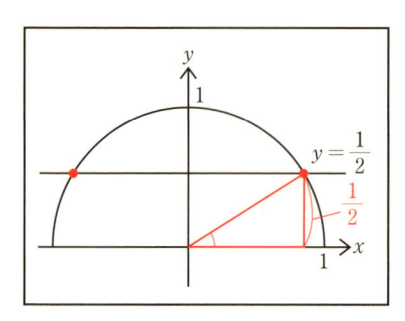

$0°\leqq\theta\leqq 180°$ の範囲で $y=\dfrac{1}{2}$ と半円の交点は2点あるね。

まず，右側の直角三角形を考えよう。

y 座標が $\dfrac{1}{2}$ だから，高さが $\dfrac{1}{2}$ となるのは $\theta = 30°$ だね。

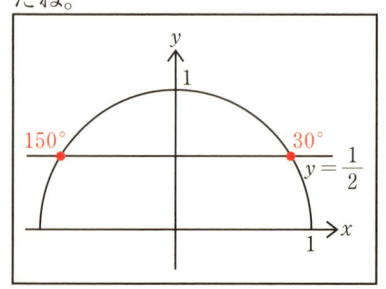

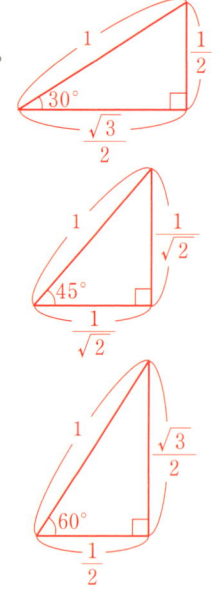

また左側は $180° - 30° = 150°$ となるね。

よって $\theta = 30°,\ 150°$ …… **答**

(ⅱ) $\sqrt{2}\cos\theta + 1 = 0$ $(0°\leqq\theta\leqq 180°)$ を満たす θ を求めよう。

$\sqrt{2}\cos\theta + 1 = 0$

$\sqrt{2}\cos\theta = -1$

$\cos\theta = -\dfrac{1}{\sqrt{2}}$

となるので x 座標が $-\dfrac{1}{\sqrt{2}}$ となる点を考えよう。

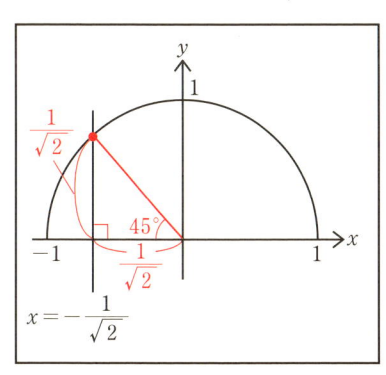

図より
$$\theta = 180° - 45° = \mathbf{135°} \quad \text{答}$$

(iii) $\sqrt{3}\tan\theta + 1 = 0$ $(0° \leqq \theta \leqq 180°)$ を満たす θ を求めよう。

$$\sqrt{3}\tan\theta + 1 = 0$$
$$\sqrt{3}\tan\theta = -1$$
$$\tan\theta = -\dfrac{1}{\sqrt{3}}$$

となるので傾きが $-\dfrac{1}{\sqrt{3}}$ の直線 $y = -\dfrac{1}{\sqrt{3}}x$ と半円との交点を考えよう。

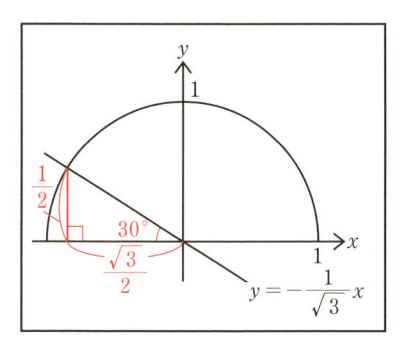

図より
$$\theta = 180° - 30° = \mathbf{150°} \quad \text{答}$$

それでは，解答をみてみよう。

解答 A

(1) (i) $\sin 120° - \cos 135° + \tan 150°$

$= \dfrac{\sqrt{3}}{2} - \left(-\dfrac{1}{\sqrt{2}}\right) + \left(-\dfrac{1}{\sqrt{3}}\right)$

$= \dfrac{\sqrt{3} + 3\sqrt{2}}{6}$ ……… 答

(ii) $\cos 45° \cos 150° - \sin 45° \sin 150°$

$= \dfrac{1}{\sqrt{2}} \times \left(-\dfrac{\sqrt{3}}{2}\right) - \dfrac{1}{\sqrt{2}} \times \dfrac{1}{2}$

$= \dfrac{-\sqrt{3} - 1}{2\sqrt{2}}$ ……… 答

(2) (i) $\sin \theta = \dfrac{1}{2}$

$\theta = 30°, \ 150°$ ……… 答

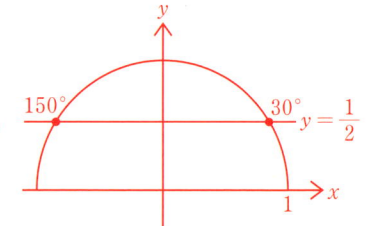

(ii) $\sqrt{2} \cos \theta + 1 = 0$

$\cos \theta = -\dfrac{1}{\sqrt{2}}$

$\theta = 135°$ ……… 答

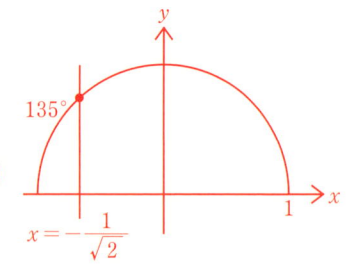

(iii) $\sqrt{3} \tan \theta + 1 = 0$

$\tan \theta = -\dfrac{1}{\sqrt{3}}$

$\theta = 150°$ ……… 答

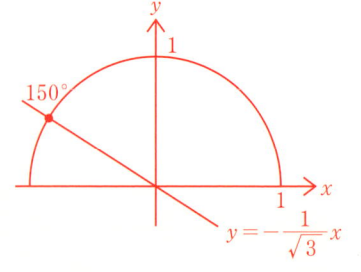

180°までの三角比 まとめ

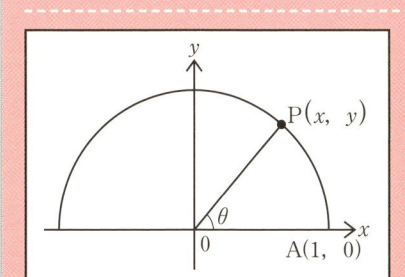

O を中心とする半径 1 の半円周上の点 P(x, y) を考える。∠AOP=θ とすると

$\cos\theta = x$

$\sin\theta = y$

$\tan\theta = \dfrac{y}{x}$ (OPの傾き)

単元3 三角不等式

今日は三角不等式を解いていこう。まずは

$$\sin\theta > \frac{1}{2} \quad (0° \leqq \theta \leqq 180°)$$

から。不等式を考えるときは，まずは

$$\sin\theta = \frac{1}{2}$$

となる θ を見つけるんだ。

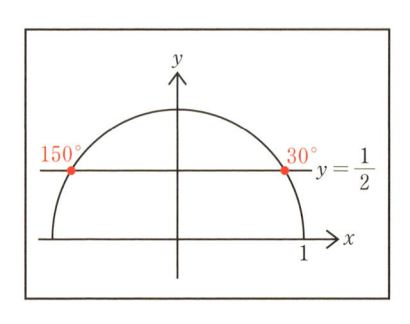

$\sin\theta = \frac{1}{2}$ だから，y 座標が $\frac{1}{2}$ となる点だね。$\sin\theta = \frac{1}{2}$ より $\theta = 30°, 150°$ となるね。

今回の目標は $\sin\theta > \frac{1}{2}$ という不等式だよ。
$\sin\theta$ が $\frac{1}{2}$ より大きいので，y 座標が $\frac{1}{2}$ より大きい。

単元 ❸ 三角不等式　043

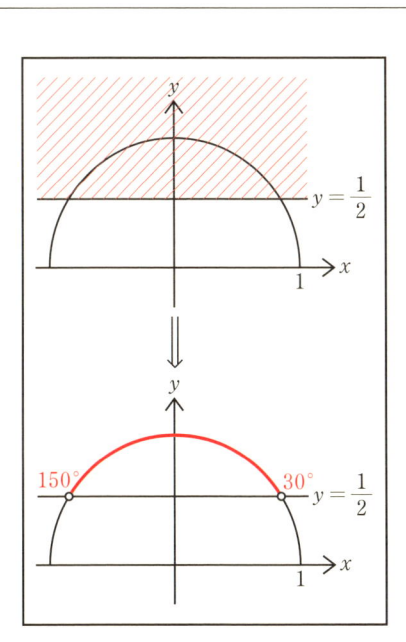

y座標は上にいけば大きくなるので $y=\dfrac{1}{2}$ の上方で半円周上の点を考えるんだ。

よって
$$30°<\theta<150°$$
となるよ。

それでは，問題をみてみよう。

例題 Q

問 $0°\leqq\theta\leqq180°$ のとき，次の不等式を解け。
(1) $\sin\theta\leqq\dfrac{\sqrt{3}}{2}$
(2) $2\cos\theta+1>0$
(3) $\tan\theta-1<0$

荻島の解説

(1) $\sin\theta \leqq \dfrac{\sqrt{3}}{2}$ $(0° \leqq \theta \leqq 180°)$ を満たす θ の範囲を求めよう。

まずは $\sin\theta = \dfrac{\sqrt{3}}{2}$ を満たす θ を求めよう。

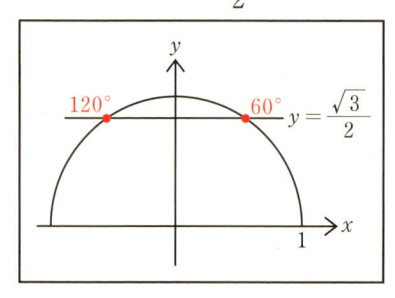

$\sin\theta$ が $\dfrac{\sqrt{3}}{2}$ だから、y 座標が $\dfrac{\sqrt{3}}{2}$ となるね。よって $\theta = 60°,\ 120°$。

今回解くのは $\sin\theta \leqq \dfrac{\sqrt{3}}{2}$。つまり y 座標が $\dfrac{\sqrt{3}}{2}$ 以下。

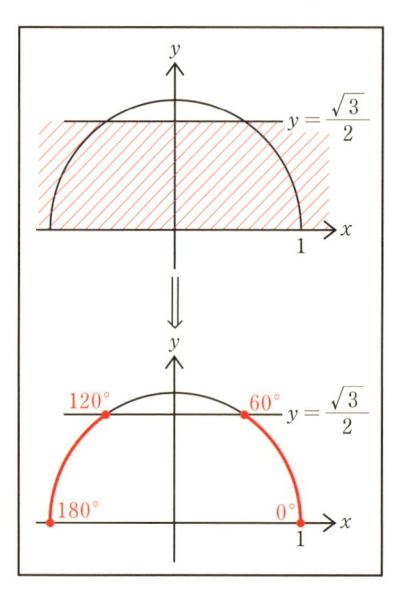

y 座標は下にいけば小さくなるので、$y = \dfrac{\sqrt{3}}{2}$ の下方（境界を含む）で半円周上の点を考えるんだ。

よって

$$0° \leqq \theta \leqq 60°,\ 120° \leqq \theta \leqq 180°$$

となるよ。

単元 ❸ 三角不等式

(2) $2\cos\theta+1>0$ ($0°\leqq\theta\leqq 180°$) を満たす θ の範囲を求めよう。

$$2\cos\theta+1>0$$
$$2\cos\theta>-1$$
$$\cos\theta>-\frac{1}{2}$$

となるね。まずは $\cos\theta=-\frac{1}{2}$ を満たす θ を求めよう。

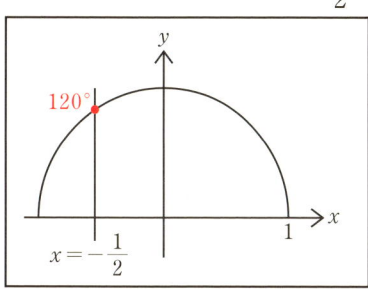

$\cos\theta$ が $-\frac{1}{2}$ だから，x 座標が $-\frac{1}{2}$ となるね。よって $\theta=120°$。

今回解くのは $\cos\theta>-\frac{1}{2}$。つまり x 座標が $-\frac{1}{2}$ より大きい。

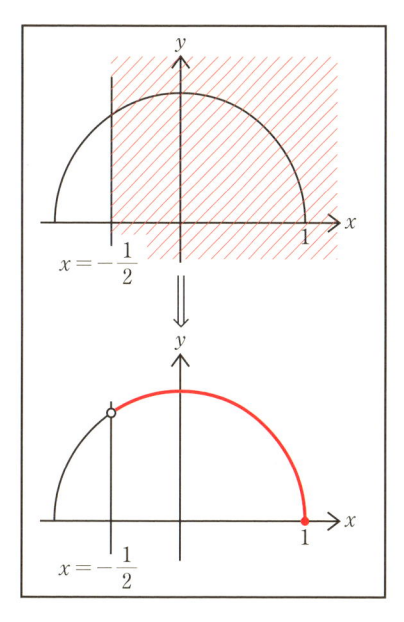

x 座標は右にいけば大きくなるので，$x=-\frac{1}{2}$ の右方で半円周上の点を考えるんだ。

よって
$$0°\leqq\theta<120°\quad\cdots\cdots\text{答}$$
となるよ。

等号を忘れないでね！

(3) $\tan\theta - 1 < 0$ $(0° \leq \theta \leq 180°)$ を満たす θ の範囲を求めよう。

$\tan\theta - 1 < 0$

$\tan\theta < 1$

となるね。まずは $\tan\theta = 1$ を満たす θ を求めよう。

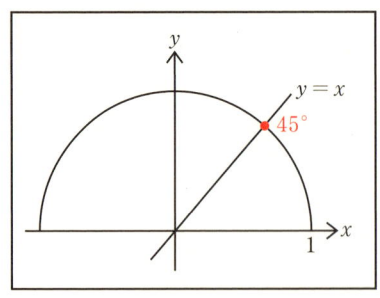

$\tan\theta$ が1だから，傾きが1の直線 $y=x$ と半円との交点を考えて $\theta = 45°$。

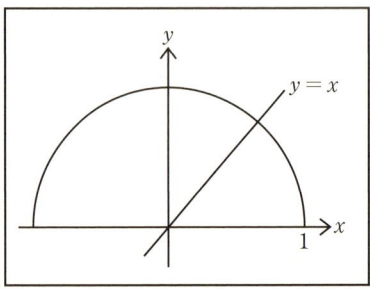

今回解くのは $\tan\theta < 1$。つまり傾きが1より小さい半円周上の点を考えるんだ。

これは少し難しいから，具体例を使いながら説明していこう。

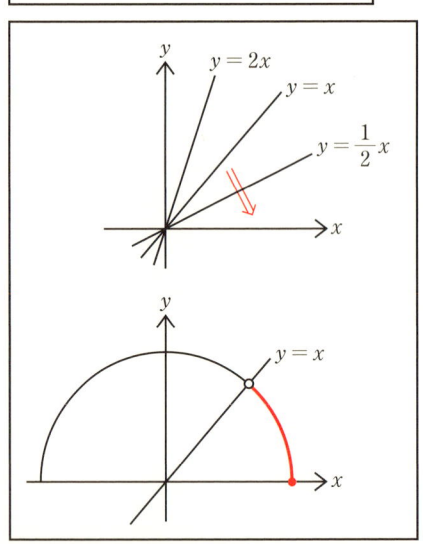

たとえば $y=x$ と $y=2x$ と $y=\dfrac{1}{2}x$ を考えてみると左図となるね。傾きが1より小さくなるのは ↘ の領域だね。

半円に戻ると $0° \leq \theta < 45°$ となるね。

しかし，これで終わりではないんだ。第2象限にある点と原点を通る直線の傾きはマイナスとなるね。

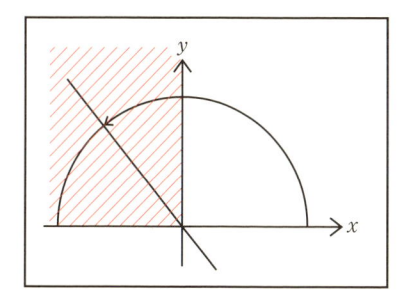

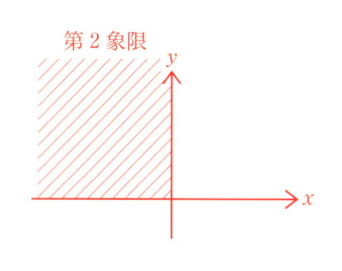

マイナスは1より小さいので，第2象限に含まれている半円周上の点はすべて解となるよ。

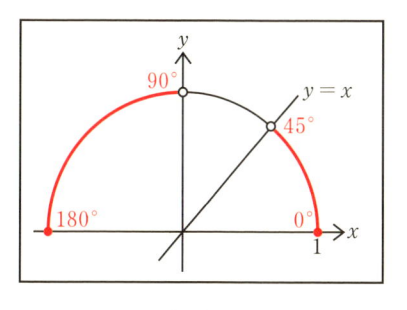

以上より

$$0° \leqq \theta < 45°, \ 90° < \theta \leqq 180°$$

等号を忘れないでね！

それでは，解答をみてみよう。

解 答 A

(1) $\sin\theta = \dfrac{\sqrt{3}}{2}$ を満たす θ は $\theta = 60°$, $120°$ となるので, $\sin\theta \leqq \dfrac{\sqrt{3}}{2}$ の解は

$$0° \leqq \theta \leqq 60°, \ 120° \leqq \theta \leqq 180°$$

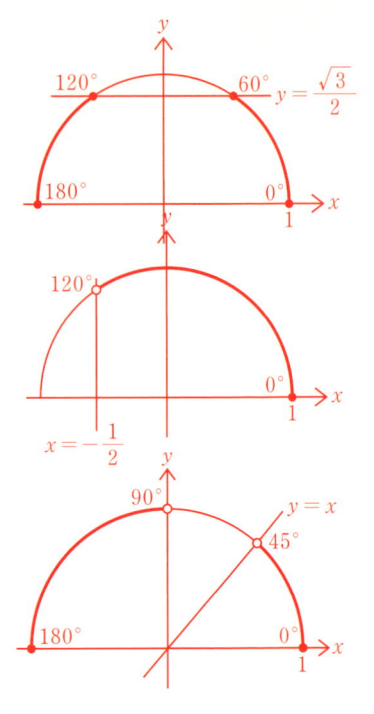

(2) $2\cos\theta + 1 > 0$

より

$$\cos\theta > -\dfrac{1}{2}$$

よって

$$0° \leqq \theta < 120°$$

(3) $\tan\theta - 1 < 0$

より

$$\tan\theta < 1$$

よって

$$0° \leqq \theta < 45°, \ 90° < \theta \leqq 180°$$

三角不等式　　まとめ

$\sin\theta > \dfrac{1}{2}$ などの不等式を考えるときは

Step 1　$y = \dfrac{1}{2}$ となる θ を見つける。

Step 2　$y > \dfrac{1}{2}$ に対応する領域は $y = \dfrac{1}{2}$ の上方になることに注意して答えを導く。

単元 4 90°±θ, 180°−θ の公式

今日は次の公式をマスターしよう。

$$\left.\begin{array}{l}\cos(90°-\theta)=\sin\theta\\ \sin(90°-\theta)=\cos\theta\end{array}\right\} 90°-\theta$$

$$\left.\begin{array}{l}\cos(90°+\theta)=-\sin\theta\\ \sin(90°+\theta)=\cos\theta\end{array}\right\} 90°+\theta$$

$$\left.\begin{array}{l}\cos(180°-\theta)=-\cos\theta\\ \sin(180°-\theta)=\sin\theta\end{array}\right\} 180°-\theta$$

まずは，180°−θ から説明していこう。

P($\cos\theta$, $\sin\theta$), P′($\cos(180°-\theta)$, $\sin(180°-\theta)$)とするとPとP′は y 軸に関して対称になるね。

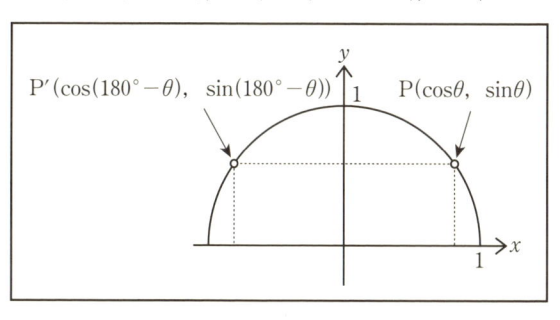

このとき y 座標が等しいので

$\sin(180°-\theta)=\sin\theta$

x 座標は符号が違うので

$\cos(180°-\theta)=-\cos\theta$

となるね。

次は 90°+θ を説明しよう。

P($\cos\theta$, $\sin\theta$), P'($\cos(90°+\theta)$, $\sin(90°+\theta)$) としよう。**図2**のように直角三角形を考えると

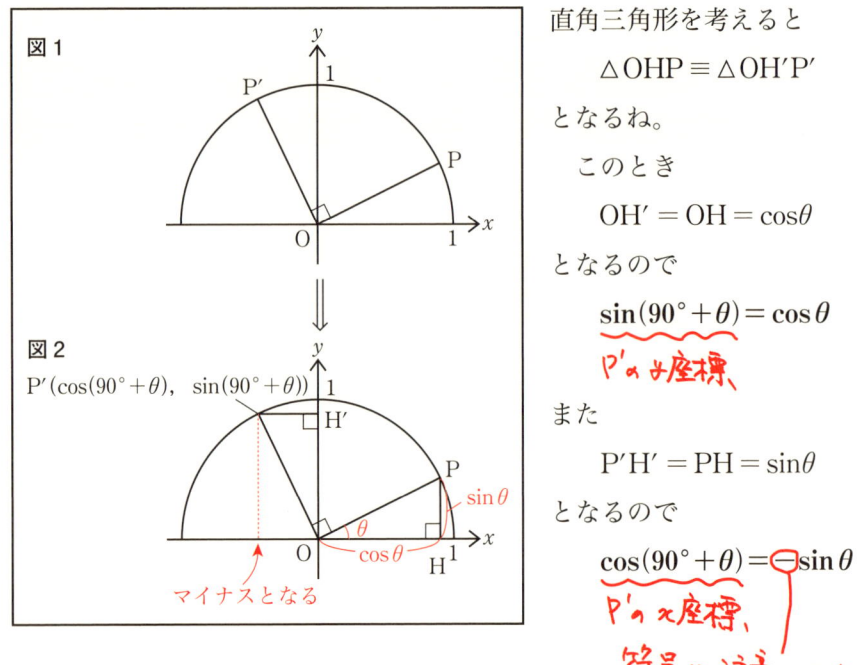

$$\triangle \text{OHP} \equiv \triangle \text{OH'P'}$$

となるね。

このとき

$$\text{OH}' = \text{OH} = \cos\theta$$

となるので

$$\sin(90°+\theta) = \cos\theta$$

　P'のy座標

また

$$\text{P'H'} = \text{PH} = \sin\theta$$

となるので

$$\cos(90°+\theta) = -\sin\theta$$

　P'のx座標、符号に注意してね

図1

図2 P'($\cos(90°+\theta)$, $\sin(90°+\theta)$)

マイナスとなる

最後は $90°-\theta$ を説明しよう。

単元 ❹ 90°±θ, 180°−θ の公式　051

P(cosθ, sinθ), P′(cos(90°−θ), sin(90°−θ)) としよう。図4 のように直角三角形を考えると

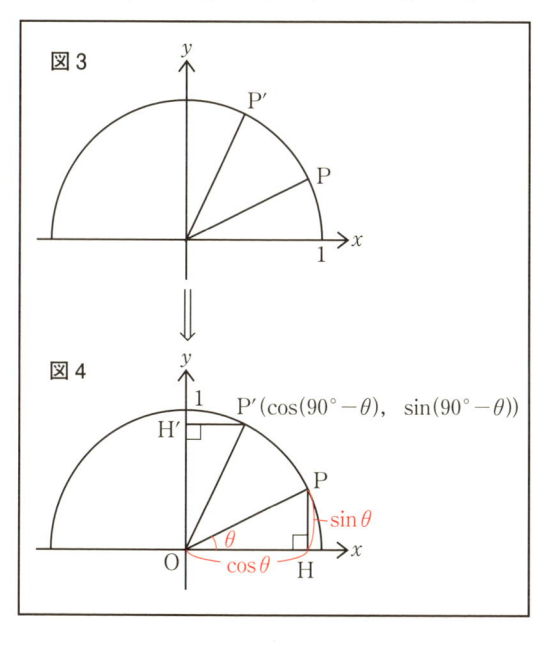

$$\triangle OHP \equiv \triangle OH'P'$$

となるね。

このとき

$$OH' = OH = \cos\theta$$

となるので

$$\underline{\sin(90°-\theta) = \cos\theta}$$

P′のy座標。

また

$$P'H' = PH = \sin\theta$$

となるので

$$\underline{\cos(90°-\theta) = \sin\theta}$$

P′のx座標。

図3

図4

プラスマイナスのミスなど細かいミスが多いので，ちゃんと図を描いて，自分で導けるようにしてね。

また

$$\tan(90°-\theta) = \frac{\sin(90°-\theta)}{\cos(90°-\theta)} = \frac{\cos\theta}{\sin\theta} = \frac{1}{\tan\theta}$$

$$\therefore \ \tan(90°-\theta) = \frac{1}{\tan\theta}$$

$$\tan(90°+\theta) = \frac{\sin(90°+\theta)}{\cos(90°+\theta)} = \frac{\cos\theta}{-\sin\theta} = -\frac{1}{\tan\theta}$$

$$\therefore \ \tan(90°+\theta) = -\frac{1}{\tan\theta}$$

$$\tan(180°-\theta) = \frac{\sin(180°-\theta)}{\cos(180°-\theta)} = \frac{\sin\theta}{-\cos\theta} = -\tan\theta$$

$$\therefore \ \tan(180°-\theta) = -\tan\theta$$

が成り立つよ。

第1部 図形と計量

それでは問題をみてみよう！

例題 Q

問 次の値を求めよ。
(1) $\sin 25° - \cos 65°$
(2) $\sin 10° \cos 170° + \cos 10° \sin 170°$
(3) $\sin 75° + \sin 120° - \cos 150° + \cos 165°$

荻島の解説

(1) $\sin 25° - \cos 65°$ の値を求めよう。

$$\cos 65° = \cos(90° - 25°) = \sin 25°$$

$\cos(90° - \theta) = \sin \theta$

となるので

$$\sin 25° - \cos 65° = \sin 25° - \sin 25° = 0 \quad \text{答}$$

(2) $\sin 10° \cos 170° + \cos 10° \sin 170°$ の値を求めよう。

$$\cos 170° = \cos(180° - 10°) = -\cos 10°$$

$\cos(180° - \theta) = -\cos \theta$

$$\sin 170° = \sin(180° - 10°) = \sin 10°$$

$\sin(180° - \theta) = \sin \theta$

となるので

$$\sin 10° \cos 170° + \cos 10° \sin 170°$$
$$= \sin 10°(-\cos 10°) + \cos 10° \sin 10°$$
$$= -\sin 10° \cos 10° + \sin 10° \cos 10°$$
$$= 0 \quad \text{答}$$

(3) $\sin 75° + \sin 120° - \cos 150° + \cos 165°$ の値を求めよう。

$$\cos 165° = \cos(90° + 75°) = -\sin 75°$$

cos(90°+θ) = -sinθ

となるので

$$\sin 75° + \sin 120° - \cos 150° + \cos 165°$$
$$= \sin 75° + \sin 120° - \cos 150° - \sin 75°$$
$$= \sin 120° - \cos 150°$$
$$= \frac{\sqrt{3}}{2} - \left(-\frac{\sqrt{3}}{2}\right)$$
$$= \sqrt{3} \quad \cdots\cdots 答$$

それでは，解答を見てみよう！

解 答 A

(1) $\cos 65° = \cos(90° - 25°) = \sin 25°$

$\cos(90° - \theta) = \sin\theta$

より

$$\sin 25° - \cos 65° = \sin 25° - \sin 25° = 0 \quad \cdots\cdots 答$$

(2) $\cos 170° = \cos(180° - 10°) = -\cos 10°$
$\sin 170° = \sin(180° - 10°) = \sin 10°$

$\cos(180° - \theta) = -\cos\theta$
$\sin(180° - \theta) = \sin\theta$

より

$$\sin 10° \cos 170° + \cos 10° \sin 170°$$
$$= \sin 10°(-\cos 10°) + \cos 10° \sin 10° = 0 \quad \cdots\cdots 答$$

(3) $\cos 165° = \cos(90° + 75°) = -\sin 75°$

$\cos(90° + \theta) = -\sin\theta$

より

$\sin 75° + \sin 120° - \cos 150° + \cos 165°$
$= \sin 75° + \sin 120° - \cos 150° - \sin 75°$
$= \dfrac{\sqrt{3}}{2} - \left(-\dfrac{\sqrt{3}}{2}\right) = \sqrt{3}$ ……………… 答

90°±θ, 180°−θ の公式 　　まとめ

$\cos(90°-\theta) = \sin\theta \qquad \cos(90°+\theta) = -\sin\theta \qquad \cos(180°-\theta) = -\cos\theta$
$\sin(90°-\theta) = \cos\theta \qquad \sin(90°+\theta) = \cos\theta \qquad \sin(180°-\theta) = \sin\theta$
$\tan(90°-\theta) = \dfrac{1}{\tan\theta} \qquad \tan(90°+\theta) = -\dfrac{1}{\tan\theta} \qquad \tan(180°-\theta) = -\tan\theta$

まずは，sin, cos を図を描いて導けるようにしてね。慣れてきたら tan も導けるようにしてね。

単元 5 三角比の相互関係式

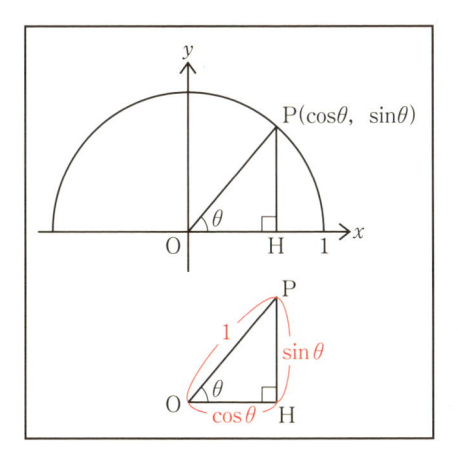

単位円（半径1の円）上の点 $P(\cos\theta, \sin\theta)$ を考えよう。

図のように △OPH を考えると

$OH = \cos\theta$, $PH = \sin\theta$, $OP = 1$

となるね。また直角三角形だから

$OH^2 + PH^2 = OP^2$

が成り立つね。この式から

$\cos^2\theta + \sin^2\theta = 1$ ………… ①

が成り立つね。また，直線 OP の傾きが

$$\frac{\sin\theta - 0}{\cos\theta - 0} = \frac{\sin\theta}{\cos\theta}$$

> $A(a, b)$, $B(c, d)$ を通る直線の傾きは $\dfrac{b-d}{a-c}$

となるので

$$\tan\theta = \frac{\sin\theta}{\cos\theta} \quad ………… ②$$

が成り立つね。また①式の両辺を $\cos^2\theta$ で割ると

$$\frac{\cos^2\theta}{\cos^2\theta} + \frac{\sin^2\theta}{\cos^2\theta} = \frac{1}{\cos^2\theta}$$

$$1 + \tan^2\theta = \frac{1}{\cos^2\theta} \quad ………… ③$$

> $\dfrac{\sin^2\theta}{\cos^2\theta} = \left(\dfrac{\sin\theta}{\cos\theta}\right)^2 = \tan^2\theta$

①，②，③を三角比の相互関係式というよ。

それでは，問題をみてみよう！

例題

問 (1) θ が鈍角で $\sin\theta = \dfrac{1}{\sqrt{3}}$ のとき $\cos\theta$, $\tan\theta$ の値を求めよ。

(2) $0° \leqq \theta \leqq 180°$ とする。$\tan\theta = 4$ のとき，$\sin\theta$, $\cos\theta$ の値を求めよ。

荻島の解説

(1) θ が鈍角 ($90° < \theta < 180°$) より，$\cos\theta$, $\tan\theta$ は**マイナス**となるね。
$\sin\theta = \dfrac{1}{\sqrt{3}}$ だから，$\sin^2\theta + \cos^2\theta = 1$ を利用して，$\cos\theta$ が求まるよ。

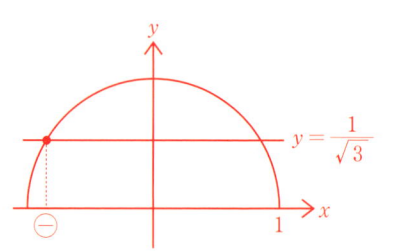

$\sin^2\theta + \cos^2\theta = 1$

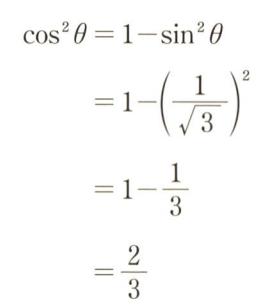

より

$$\begin{aligned}\cos^2\theta &= 1 - \sin^2\theta \\ &= 1 - \left(\dfrac{1}{\sqrt{3}}\right)^2 \\ &= 1 - \dfrac{1}{3} \\ &= \dfrac{2}{3}\end{aligned}$$

$\cos\theta < 0$ より

$\cos\theta = -\dfrac{\sqrt{2}}{\sqrt{3}}$ ……**答**

次に $\tan\theta$ は $\tan\theta = \dfrac{\sin\theta}{\cos\theta}$ を利用して求まるよ。

単元 ⑤ 三角比の相互関係式

$$\tan\theta = \frac{\sin\theta}{\cos\theta} = \frac{\frac{1}{\sqrt{3}}}{-\frac{\sqrt{2}}{\sqrt{3}}} = -\frac{1}{\sqrt{2}}$$ ……… 答

(2) $\tan\theta = 4 > 0$ より，θ が第1象限にあるので $\sin\theta > 0, \cos\theta > 0$ となるね。$1+\tan^2\theta = \dfrac{1}{\cos^2\theta}$ を利用して，$\cos\theta$ が求まるよ。

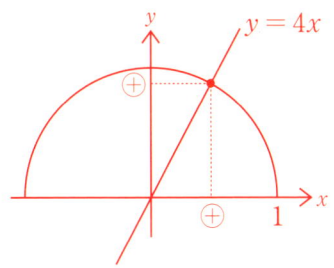

$$1+\tan^2\theta = \frac{1}{\cos^2\theta}$$

$$\frac{1}{\cos^2\theta} = 1+\tan^2\theta$$
$$= 1+4^2$$
$$= 1+16$$
$$= 17$$

　　　　$\tan\theta = 4$ を代入

$$\cos^2\theta = \frac{1}{17}$$

　　　逆数をとった

$\cos\theta > 0$ より

$$\cos\theta = \frac{1}{\sqrt{17}}$$ ……… 答

次に $\sin\theta$ は

$\dfrac{\sin\theta}{\cos\theta} = \tan\theta$ より　$\sin\theta = \tan\theta\cos\theta$

を利用して求まるよ。

$\sin\theta = \tan\theta\cos\theta$

$\sin^2\theta + \cos^2\theta = 1$ を利用しても求まるが，$\sin\theta = \tan\theta\cos\theta$ の方がラクだよ。

$$\sin\theta = \tan\theta\cos\theta$$
$$= 4 \times \frac{1}{\sqrt{17}}$$
$$= \frac{4}{\sqrt{17}}$$ ……… 答

それでは，解答をみてみよう。

解答 A

(1) θ が鈍角より $\cos\theta < 0$, $\tan\theta < 0$。

$$\cos^2\theta = 1 - \sin^2\theta = 1 - \left(\frac{1}{\sqrt{3}}\right)^2 = \frac{2}{3}$$

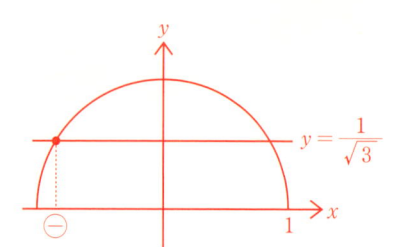

より

$$\cos\theta = -\frac{\sqrt{2}}{\sqrt{3}}$$

$$\tan\theta = \frac{\sin\theta}{\cos\theta} = \frac{\frac{1}{\sqrt{3}}}{-\frac{\sqrt{2}}{\sqrt{3}}} = -\frac{1}{\sqrt{2}}$$

(2) $\tan\theta = 4 > 0$ より, $\sin\theta > 0$, $\cos\theta > 0$。

$$\frac{1}{\cos^2\theta} = 1 + \tan^2\theta = 1 + 4^2 = 17$$

$$\cos^2\theta = \frac{1}{17}$$

$\cos\theta > 0$ より

$$\cos\theta = \frac{1}{\sqrt{17}}$$

$$\sin\theta = \tan\theta\cos\theta = \frac{4}{\sqrt{17}}$$

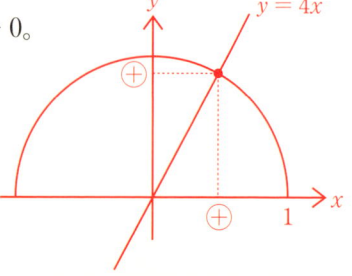

> $\sin^2\theta + \cos^2\theta = 1$ を利用しても求まるが, $\sin\theta = \tan\theta\cos\theta$ の方がラクだよ。

三角比の相互関係式　まとめ

① $\sin^2\theta + \cos^2\theta = 1$　　② $\tan\theta = \dfrac{\sin\theta}{\cos\theta}$

③ $1 + \tan^2\theta = \dfrac{1}{\cos^2\theta}$

単元 6 $\sin\theta+\cos\theta=k$

$\sin\theta+\cos\theta=k$ という条件が与えられているとき，**両辺を 2 乗すると**

$\sin\theta+\cos\theta=k$

$(\sin\theta+\cos\theta)^2=k^2$

$\sin^2\theta+2\sin\theta\cos\theta+\cos^2\theta=k^2$

となるね。ここで $\sin^2\theta+\cos^2\theta=1$ となるので

$\sin^2\theta+2\sin\theta\cos\theta+\cos^2\theta=k^2$

$1+2\sin\theta\cos\theta=k^2$

$2\sin\theta\cos\theta=k^2-1$

$\sin\theta\cos\theta=\dfrac{k^2-1}{2}$

となるね。つまり $\sin\theta+\cos\theta$（和の値）が分かれば，両辺を 2 乗すると $\sin\theta\cos\theta$（積の値）が分かるよ。

$\sin\theta+\cos\theta$（和の値）と $\sin\theta\cos\theta$（積の値）を使って，様々な対称式の値を求められるよ。

それでは，問題をみてみよう！

例題 Q

問 $\sin\theta + \cos\theta = \dfrac{1}{2}$ ($0° \leqq \theta \leqq 180°$) のとき，次の値を求めよ。

(1) $\sin\theta\cos\theta$
(2) $\tan\theta + \dfrac{1}{\tan\theta}$
(3) $\sin^3\theta + \cos^3\theta$
(4) $\cos\theta - \sin\theta$

荻島の解説

(1) $\sin\theta + \cos\theta = \dfrac{1}{2}$ から $\sin\theta\cos\theta$ を求めていこう。$\sin\theta + \cos\theta = \dfrac{1}{2}$ の両辺を2乗するとうまく解決するよ。

$$\sin\theta + \cos\theta = \dfrac{1}{2}$$

より

$$(\sin\theta + \cos\theta)^2 = \dfrac{1}{4}$$

$$\underbrace{\sin^2\theta + 2\sin\theta\cos\theta + \cos^2\theta}_{1} = \dfrac{1}{4} \quad \leftarrow \sin^2\theta + \cos^2\theta = 1$$

$$1 + 2\sin\theta\cos\theta = \dfrac{1}{4}$$

$$2\sin\theta\cos\theta = \dfrac{1}{4} - 1$$

$$= -\dfrac{3}{4}$$

$\therefore\ \sin\theta\cos\theta = -\dfrac{3}{8}$ …………… **答**

(2) $\tan\theta = \dfrac{\sin\theta}{\cos\theta}$ を利用しよう。

$$\tan\theta + \dfrac{1}{\tan\theta}$$
$$= \dfrac{\sin\theta}{\cos\theta} + \dfrac{\cos\theta}{\sin\theta}$$
$$= \dfrac{\sin^2\theta}{\sin\theta\cos\theta} + \dfrac{\cos^2\theta}{\sin\theta\cos\theta}$$ ← 通分
$$= \dfrac{\sin^2\theta + \cos^2\theta}{\sin\theta\cos\theta}$$

となるね。分子の $\sin^2\theta + \cos^2\theta$ は1，分母の $\sin\theta\cos\theta$ は (1) より $-\dfrac{3}{8}$。これらを代入して

$$\tan\theta + \dfrac{1}{\tan\theta} = \dfrac{1}{-\dfrac{3}{8}} = -\dfrac{8}{3}$$ …… 答

(3) $\sin^3\theta + \cos^3\theta$ を求めるのに，因数分解公式

$$a^3 + b^3 = (a+b)(a^2 - ab + b^2)$$

を利用するよ。

$$\sin^3\theta + \cos^3\theta = (\sin\theta + \cos\theta)(\underbrace{\sin^2\theta - \sin\theta\cos\theta + \cos^2\theta}_{1})$$

$$= \dfrac{1}{2} \times \left(1 - \left(-\dfrac{3}{8}\right)\right)$$ (1)より $\sin\theta\cos\theta = -\dfrac{3}{8}$

$$= \dfrac{1}{2} \times \dfrac{11}{8}$$

$$= \dfrac{11}{16}$$ …… 答

(4) $\cos\theta - \sin\theta$ を求めるには，まず $(\cos\theta - \sin\theta)^2$ を求めるよ。

$$(\cos\theta - \sin\theta)^2 = \underline{\cos^2\theta - 2\sin\theta\cos\theta + \sin^2\theta}_{\;1}$$

$\sin^2\theta + \cos^2\theta = 1$

$$= 1 - 2 \times \left(-\frac{3}{8}\right)$$

$$= 1 + \frac{3}{4}$$

$$= \frac{7}{4}$$

となるね。

$$(\cos\theta - \sin\theta)^2 = \frac{7}{4}$$

から $\cos\theta - \sin\theta$ が求まるね。ここで符号に注意しなくてはいけないよ。

$\cos\theta - \sin\theta = \pm\dfrac{\sqrt{7}}{2}$ か $\cos\theta - \sin\theta = \dfrac{\sqrt{7}}{2}$ か $\cos\theta - \sin\theta = -\dfrac{\sqrt{7}}{2}$

のどれか1つになるよ。どれだと思う？

正解は $\cos\theta - \sin\theta = -\dfrac{\sqrt{7}}{2}$ だよ。

理由を説明しよう。

まず $0° \leqq \theta \leqq 180°$ だから $\sin\theta \geqq 0$ となるね。

(1) で $\sin\theta\cos\theta = -\dfrac{3}{8}$ となったね。つまり

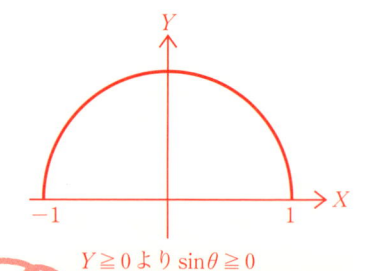

$\sin\theta\cos\theta < 0$

だね。$\sin\theta \geqq 0$ と $\sin\theta\cos\theta < 0$ から $\cos\theta < 0$ となるね。このとき

$\cos\theta - \sin\theta < 0$
　　⊖　　　⊕

となるので $\cos\theta - \sin\theta = -\dfrac{\sqrt{7}}{2}$ となるよ。

$Y \geqq 0$ より $\sin\theta \geqq 0$

$xy < 0$ のとき
$\begin{cases} x > 0 \text{ かつ } y < 0 \\ \text{または} \\ x < 0 \text{ かつ } y > 0 \end{cases}$
となるね。

それでは，解答をみてみよう！

解答　A

(1) $\sin\theta + \cos\theta = \dfrac{1}{2}$

より

$$(\sin\theta + \cos\theta)^2 = \left(\dfrac{1}{2}\right)^2$$

両辺を2乗した

$$\underline{\sin^2\theta + 2\sin\theta\cos\theta + \cos^2\theta}_{1} = \dfrac{1}{4}$$

$$2\sin\theta\cos\theta = \dfrac{1}{4} - 1 = -\dfrac{3}{4}$$

$$\therefore\ \sin\theta\cos\theta = -\dfrac{3}{8} \quad\cdots\text{答}$$

(2) $\tan\theta + \dfrac{1}{\tan\theta} = \dfrac{\sin\theta}{\cos\theta} + \dfrac{\cos\theta}{\sin\theta}$

$\tan\theta = \dfrac{\sin\theta}{\cos\theta}$ を利用

$$= \dfrac{\sin^2\theta + \cos^2\theta}{\sin\theta\cos\theta}$$

$$= \dfrac{1}{-\dfrac{3}{8}} = -\dfrac{8}{3} \quad\cdots\text{答}$$

(3) $\sin^3\theta + \cos^3\theta = (\sin\theta + \cos\theta)(\underline{\sin^2\theta - \sin\theta\cos\theta + \cos^2\theta}_{1})$

$$= \dfrac{1}{2} \times \left(1 - \left(-\dfrac{3}{8}\right)\right)$$

$$= \dfrac{11}{16} \quad\cdots\text{答}$$

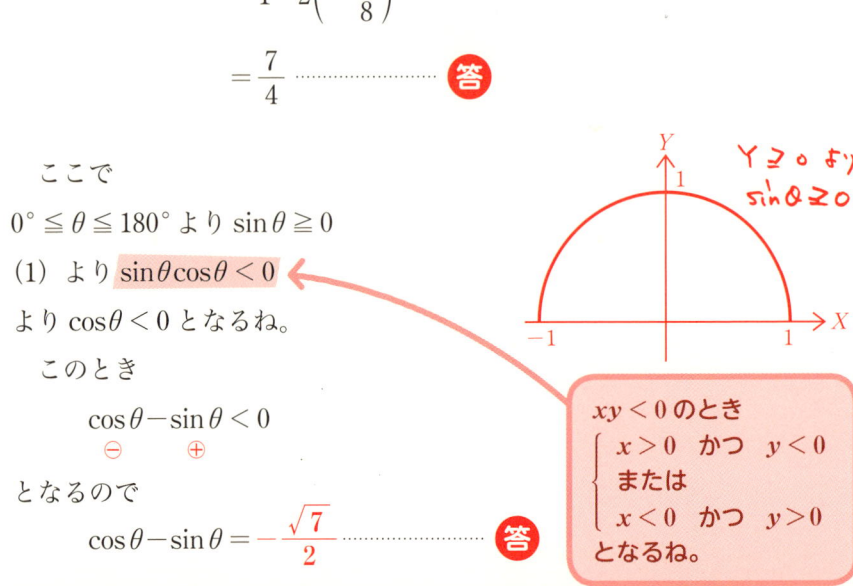

(4) $(\cos\theta - \sin\theta)^2 = \underbrace{\cos^2\theta}_{} - 2\sin\theta\cos\theta + \underbrace{\sin^2\theta}_{}$
$\underbrace{}_{1}$

$ = 1 - 2\left(-\dfrac{3}{8}\right)$

$ = \dfrac{7}{4}$ ……………… 答

ここで
$0° \leqq \theta \leqq 180°$ より $\sin\theta \geqq 0$
(1) より $\sin\theta\cos\theta < 0$
より $\cos\theta < 0$ となるね。

このとき
$\cos\theta - \sin\theta < 0$
$\ominus \oplus$

となるので
$\cos\theta - \sin\theta = -\dfrac{\sqrt{7}}{2}$ ……………… 答

（手書き）Y≧0 より sinθ≧0

$xy < 0$ のとき
$\begin{cases} x > 0 \text{ かつ } y < 0 \\ \text{または} \\ x < 0 \text{ かつ } y > 0 \end{cases}$
となるね。

まとめ

$\sin\theta + \cos\theta = k$

$\sin\theta + \cos\theta = k$ のとき，両辺を2乗すると
$(\sin\theta + \cos\theta)^2 = k^2$
$\underbrace{\sin^2\theta}_{} + 2\sin\theta\cos\theta + \underbrace{\cos^2\theta}_{} = k^2$
$\underbrace{}_{1}$
$1 + 2\sin\theta\cos\theta = k^2$
$\sin\theta\cos\theta = \dfrac{k^2 - 1}{2}$

つまり $\sin\theta + \cos\theta$（和の値）が分かれば，$\sin\theta\cos\theta$（積の値）が分かる。

また，これらを利用して，様々な対称式の値を求められるよ。

第1部 「図形と計量」

第2講
三角形への応用

単元1	正弦定理
単元2	余弦定理
単元3	三角形の面積と内接円の半径
単元4	角を二等分する線分の長さ
単元5	三角関数の最大・最小
単元6	$\sin A : \sin B : \sin C = a : b : c$
単元7	円に内接する四角形
単元8	中線の長さ
単元9	三角形の形状問題
単元10	三角不等式
単元11	【発展】$18°$，$36°$の三角比

第2講のポイント

第2講「三角形への応用」では「正弦定理」「余弦定理」「三角形の面積と内接円の半径」などを学習します。この講では「三角比と図形の融合問題」「三角比と関数の融合問題」など応用的な問題が多いですが，非常に重要な分野ですので，しっかり理解していきましょう。

単元 1 正弦定理

今日は，正弦定理をマスターしよう。
まずは公式から
$$AB=c, \ BC=a, \ CA=b$$
となる三角形 ABC の外接円の半径を R とすると
$$\frac{a}{\sin A} = \frac{b}{\sin B} = \frac{c}{\sin C} = 2R$$
が成り立つ。これを正弦定理というよ。

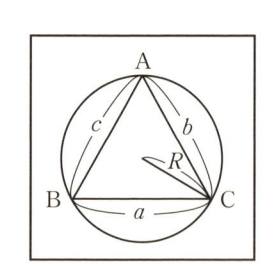

それでは，問題をみてみよう。

例題 Q

問 △ABC において
$AB=c, \ BC=a, \ CA=b$ とする。
(1) $a=12$, $A=45°$, $B=60°$ のとき，b と外接円の半径 R を求めよ。
(2) $b=2\sqrt{2}$, $c=2\sqrt{3}$, $B=45°$ のとき，C の大きさと外接円の半径 R を求めよ。
(3) $b=7$, $A=70°$, $C=50°$ のとき，外接円の半径 R を求めよ。

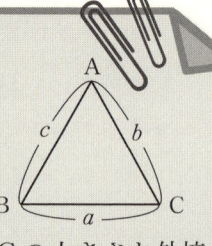

荻島の解説

(1) b，外接円の半径 R を求めよう。

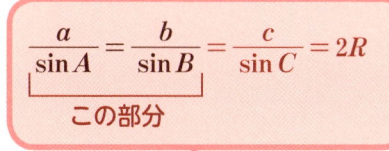

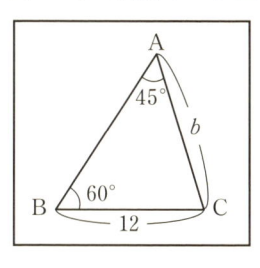

$$\frac{a}{\sin A} = \frac{b}{\sin B} = \frac{c}{\sin C} = 2R$$

この部分

正弦定理より

$$\frac{a}{\sin A} = \frac{b}{\sin B}$$

が成り立つね。

$a = 12$，$A = 45°$，$B = 60°$ を代入して

$$\frac{12}{\sin 45°} = \frac{b}{\sin 60°}$$

となるね。さらに

$$\frac{12}{\sin 45°} = \frac{b}{\sin 60°}$$

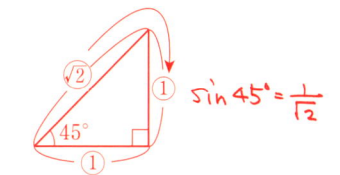

$$b = \frac{12}{\sin 45°} \times \sin 60°$$

$\sin 45° = \dfrac{1}{\sqrt{2}}$，$\sin 60° = \dfrac{\sqrt{3}}{2}$ を代入して

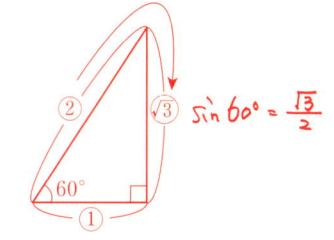

$$b = \frac{12}{\frac{1}{\sqrt{2}}} \times \frac{\sqrt{3}}{2}$$

$$= 12 \times \sqrt{2} \times \frac{\sqrt{3}}{2} = 6\sqrt{6} \quad \text{……答}$$

さらに，正弦定理より

$$\frac{a}{\sin A} = 2R$$

この部分

$$\frac{a}{\sin A} = \frac{b}{\sin B} = \frac{c}{\sin C} = 2R$$

が成り立つね。$A = 45°$，$a = 12$ を代入して

$$\frac{12}{\sin 45°} = 2R$$

$\sin 45° = \dfrac{1}{\sqrt{2}}$ を代入して

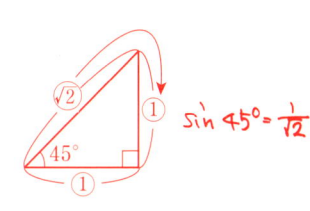

$$2R = \frac{12}{\sin 45°} = \frac{12}{\frac{1}{\sqrt{2}}} = 12\sqrt{2}$$

$$\therefore R = 6\sqrt{2} \quad \cdots\cdots\text{答}$$

(2) Cの大きさ，外接円の半径 R を求めよう。

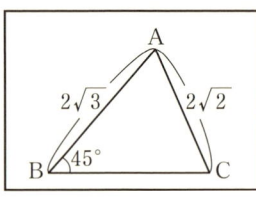

正弦定理より

$$\frac{b}{\sin B} = \frac{c}{\sin C}$$

が成り立つね。

$$\frac{a}{\sin A} = \frac{b}{\sin B} = \frac{c}{\sin C} = 2R$$

この部分

$B = 45°$，$b = 2\sqrt{2}$，$c = 2\sqrt{3}$ を代入して

$$\frac{2\sqrt{2}}{\sin 45°} = \frac{2\sqrt{3}}{\sin C}$$

$\sin 45° = \dfrac{1}{\sqrt{2}}$ を代入して

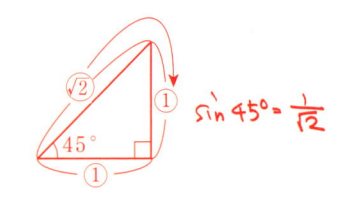

$$\frac{2\sqrt{2}}{\frac{1}{\sqrt{2}}} = \frac{2\sqrt{3}}{\sin C}$$

$$4 = \frac{2\sqrt{3}}{\sin C}$$

$$4\sin C = 2\sqrt{3}$$

$$\sin C = \frac{2\sqrt{3}}{4} = \frac{\sqrt{3}}{2}$$

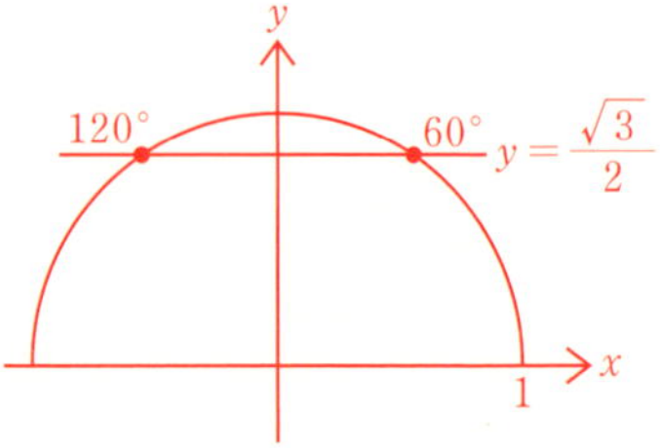

よって

$$C = 60°, \ 120° \quad \cdots\cdots\text{答}$$

さらに正弦定理より

$$\frac{b}{\sin B} = 2R$$

が成り立つね。

$$\frac{a}{\sin A} = \frac{b}{\sin B} = \frac{c}{\sin C} = 2R$$

この部分

$b=2\sqrt{2}$,$B=45°$ を代入して

$$\frac{2\sqrt{2}}{\sin 45°}=2R$$

$\sin 45°=\dfrac{1}{\sqrt{2}}$ を代入して

$$\frac{2\sqrt{2}}{\frac{1}{\sqrt{2}}}=2R$$

$$4=2R$$

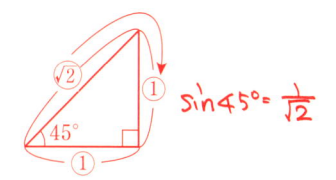

∴ $R=2$ ……………… 答

(3) 外接円の半径 R を求めよう。

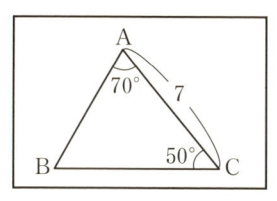

$A=70°$,$C=50°$ より

$$B=180°-70°-50°=60°$$

と B が求まるね。

また,正弦定理より

$$\frac{b}{\sin B}=2R$$

が成り立つ。これに $B=60°$,$b=7$ を代入しよう。

この部分

$$\frac{a}{\sin A}=\frac{b}{\sin B}=\frac{c}{\sin C}=2R$$

$$\frac{7}{\sin 60°}=2R$$

$\sin 60°=\dfrac{\sqrt{3}}{2}$ を代入して

$$2R=\frac{7}{\frac{\sqrt{3}}{2}}=\frac{14}{\sqrt{3}}$$

∴ $R=\dfrac{7}{\sqrt{3}}$ ……………… 答

それでは,解答をみてみよう。

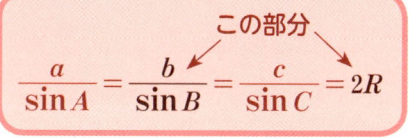

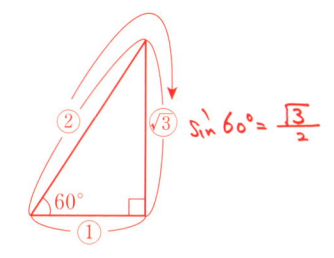

解 答 A

(1) 正弦定理より

$$\frac{12}{\sin 45°} = \frac{b}{\sin 60°} = 2R$$

$$b = \frac{12}{\sin 45°} \times \sin 60°$$

$$= \frac{12}{\frac{1}{\sqrt{2}}} \times \frac{\sqrt{3}}{2} = 6\sqrt{6} \quad \cdots\cdots 答$$

$$R = \frac{6}{\sin 45°} = 6 \times \sqrt{2} = 6\sqrt{2} \quad \cdots\cdots 答$$

(2) 正弦定理より

$$\frac{2\sqrt{2}}{\sin 45°} = \frac{2\sqrt{3}}{\sin C} = 2R$$

$$\sin C = \frac{2\sqrt{3} \sin 45°}{2\sqrt{2}}$$

$$= \frac{2\sqrt{3}}{2\sqrt{2}} \times \frac{1}{\sqrt{2}} = \frac{\sqrt{3}}{2}$$

$$\therefore C = 60°, \ 120° \quad \cdots\cdots 答$$

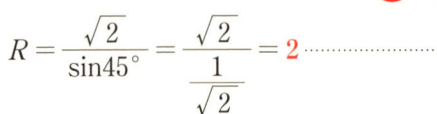

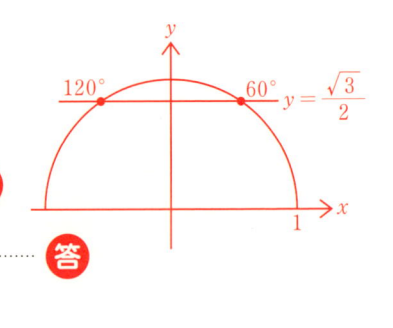

$$R = \frac{\sqrt{2}}{\sin 45°} = \frac{\sqrt{2}}{\frac{1}{\sqrt{2}}} = 2 \quad \cdots\cdots 答$$

(3) $B = 180° - 70° - 50° = 60°$

正弦定理より

$$\frac{7}{\sin 60°} = 2R$$

$$R = \frac{1}{2} \times \frac{7}{\sin 60°} = \frac{1}{2} \times \frac{7}{\frac{\sqrt{3}}{2}} = \frac{7}{\sqrt{3}} \quad \cdots\cdots 答$$

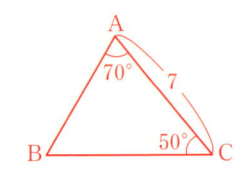

正弦定理 【まとめ】

△ABC の外接円の半径を R とすると

$$\frac{a}{\sin A} = \frac{b}{\sin B} = \frac{c}{\sin C} = 2R$$

が成り立つ。

単元 2 余弦定理

今日は，余弦定理をマスターしよう。

まずは公式から

$AB = c$, $BC = a$, $CA = b$

となる三角形 ABC において

$$a^2 = b^2 + c^2 - 2bc\cos A$$
$$b^2 = c^2 + a^2 - 2ca\cos B$$
$$c^2 = a^2 + b^2 - 2ab\cos C$$

また，これらの式は

$$\cos A = \frac{b^2 + c^2 - a^2}{2bc}$$
$$\cos B = \frac{c^2 + a^2 - b^2}{2ca}$$
$$\cos C = \frac{a^2 + b^2 - c^2}{2ab}$$

と式変形できるよ。

それでは，問題をみてみよう。

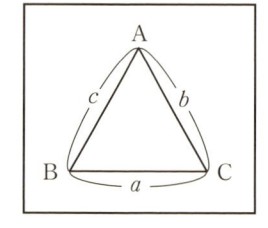

単元 ❷ 余弦定理

例題 Q

問
(1) △ABC において $b=4$, $c=6$, $A=60°$ のとき，a の値を求めよ。

(2) △ABC において $a=15$, $b=7$, $c=13$ のとき，C の値を求めよ。

(3) △ABC において $BC=2$, $AB=\sqrt{7}$, $C=60°$ のとき，AC の値を求めよ。

荻島の解説

(1) a の値を求めていこう。

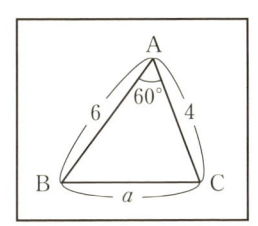

余弦定理より
$$a^2 = 6^2 + 4^2 - 2 \cdot 6 \cdot 4 \cdot \cos 60°$$
$$= 36 + 16 - 2 \cdot 6 \cdot 4 \cdot \frac{1}{2}$$
$$= 52 - 24$$
$$= 28$$

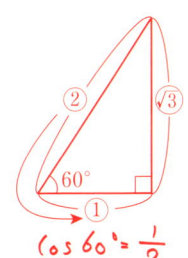

よって
$$a = \sqrt{28} = 2\sqrt{7} \quad \cdots\cdots \text{答}$$

$\cos 60° = \frac{1}{2}$

(2) Cの値を求めよう。

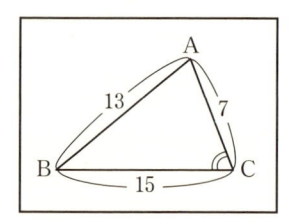

角度Cを求める前に，$\cos C$ の値を求めよう。

余弦定理より

$13^2 = 7^2 + 15^2 - 2 \cdot 7 \cdot 15 \cdot \cos C$

$169 = 49 + 225 - 210 \cos C$

$169 = 274 - 210 \cos C$

$210 \cos C = 274 - 169$

$210 \cos C = 105$

$\cos C = \dfrac{105}{210} = \dfrac{1}{2}$

慣れてきたら $\cos C = \dfrac{7^2 + 15^2 - 13^2}{2 \cdot 7 \cdot 15}$ で計算してね。

となるね。$\cos C = \dfrac{1}{2}$ だからCが分かるでしょう。

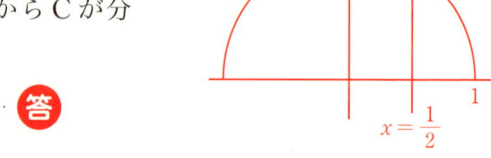

C = 60° 答

(3) ACの値を求めよう。

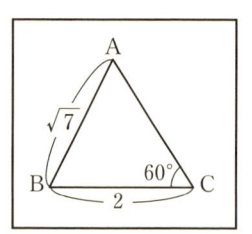

余弦定理より

$(\sqrt{7})^2 = AC^2 + 2^2 - 2 \cdot AC \cdot 2 \cdot \cos 60°$

が成り立つね。

$AC = x$ とおいて，計算しやすくしよう。

$(\sqrt{7})^2 = x^2 + 2^2 - 2 \cdot x \cdot 2 \cdot \cos 60°$

$7 = x^2 + 4 - 2 \cdot x \cdot 2 \cdot \dfrac{1}{2}$

$x^2 - 2x - 3 = 0$

$(x - 3)(x + 1) = 0$

$x > 0$ より $x = 3$ となるので **AC = 3** 答

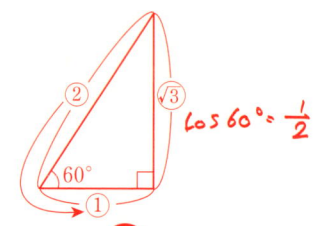

$\cos 60° = \dfrac{1}{2}$

それでは，解答をみてみよう。

解答　A

(1) 余弦定理より

$$a^2 = 6^2 + 4^2 - 2 \cdot 6 \cdot 4 \cdot \cos 60°$$
$$= 36 + 16 - 24$$
$$= 28$$

よって $a = \sqrt{28} = \mathbf{2\sqrt{7}}$ ……答

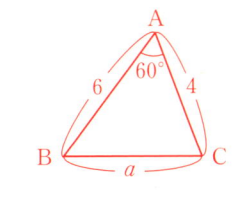

(2) 余弦定理より

$$13^2 = 7^2 + 15^2 - 2 \cdot 7 \cdot 15 \cdot \cos C$$
$$210 \cos C = 105$$
$$\cos C = \frac{1}{2}$$

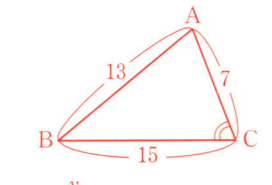

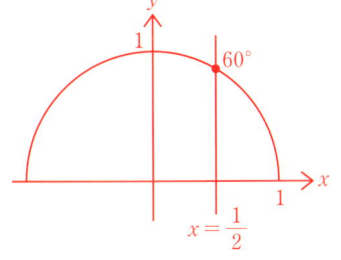

よって $C = \mathbf{60°}$ ……答

(3)　AC = x とおく。

余弦定理より
$$(\sqrt{7})^2 = x^2 + 2^2 - 2 \cdot x \cdot 2 \cdot \cos 60°$$
$$7 = x^2 + 4 - 2 \cdot x \cdot 2 \cdot \frac{1}{2}$$
$$x^2 - 2x - 3 = 0$$
$$(x-3)(x+1) = 0$$
$x > 0$ より $x = 3$　∴　**AC = 3** ……………… 答

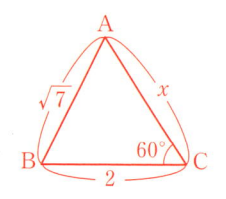

余弦定理　まとめ

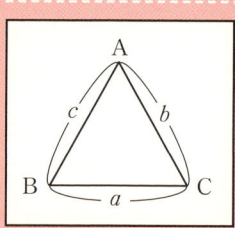

$$a^2 = b^2 + c^2 - 2bc \cos A$$
$$b^2 = c^2 + a^2 - 2ca \cos B$$
$$c^2 = a^2 + b^2 - 2ab \cos C$$

が成り立つよ。また，これらは

$$\cos A = \frac{b^2 + c^2 - a^2}{2bc}$$
$$\cos B = \frac{c^2 + a^2 - b^2}{2ca}$$
$$\cos C = \frac{a^2 + b^2 - c^2}{2ab}$$

とも書けるよ。

単元 3 三角形の面積と内接円の半径

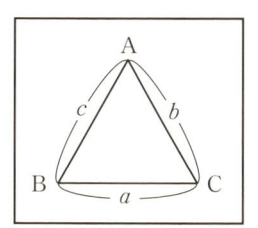

まず最初に三角形の面積公式をチェックしよう。

三角形 ABC の面積を S とすると

$$S = \frac{1}{2}ab\sin C$$

$$= \frac{1}{2}bc\sin A$$

$$= \frac{1}{2}ca\sin B$$

となるよ。**二辺とその間の角**を使って面積が求まるよ。

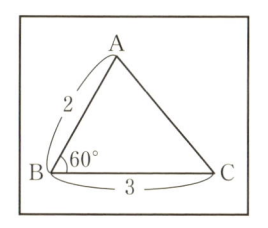

左図のときは

$$S = \frac{1}{2} \times 2 \times 3 \times \sin 60°$$

$$= \frac{1}{2} \times 2 \times 3 \times \frac{\sqrt{3}}{2}$$

$$= \frac{3\sqrt{3}}{2}$$

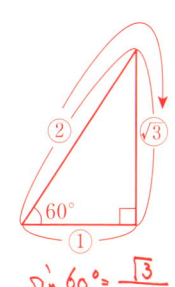

となるね。

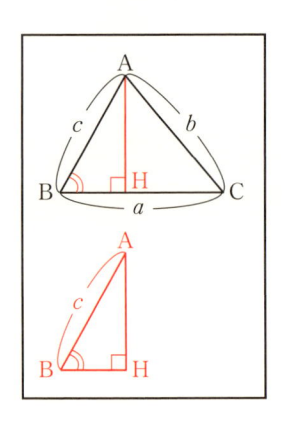

この公式を証明しておこう。
$$S = \frac{1}{2}ca\sin B$$
だけ証明するね。

AからBCへ下ろした垂線の足をHとしよう。三角形ABHに注目すると
$$\sin B = \frac{AH}{c}$$
となるね。この式から

$$AH = c\sin B$$

となるでしょう。だから

$$S = \frac{1}{2} \times BC \times AH$$

$$= \frac{1}{2} \times a \times c\sin B$$

$$= \frac{1}{2}ca\sin B$$

$S = \frac{1}{2} \times (底辺) \times (高さ)$

となるね。

今日は公式をもう1つ。

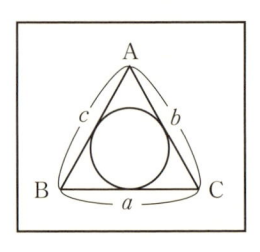

三角形ABCの内接円の半径を r とすると
$$S = \frac{r}{2}(a+b+c)$$
が成り立つよ。

この公式も証明しておこう。

単元 ❸ 三角形の面積と内接円の半径

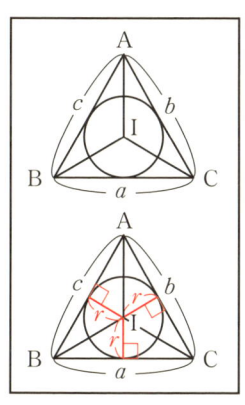

内接円の中心を I として, 三角形 IAB, 三角形 IBC, 三角形 ICA の面積に着目しよう。内接円の半径を r とすると

$$\triangle \text{IAB} = c \times r \times \frac{1}{2} = \frac{cr}{2}$$

$$\triangle \text{IBC} = a \times r \times \frac{1}{2} = \frac{ar}{2}$$

$$\triangle \text{ICA} = b \times r \times \frac{1}{2} = \frac{br}{2}$$

となるね。

$$S = \triangle \text{IAB} + \triangle \text{IBC} + \triangle \text{ICA}$$

となるので

$$S = \frac{cr}{2} + \frac{ar}{2} + \frac{br}{2}$$

$$\therefore\ S = \frac{r}{2}(a+b+c)$$

それでは、問題をみてみよう。

例題

問 $AB = 13$, $BC = 7$, $CA = 8$ となる $\triangle ABC$ について

(1) $\cos A$ の値を求めよ。
(2) $\sin A$ の値を求めよ。
(3) 三角形の面積 S を求めよ。
(4) 内接円の半径 r を求めよ。

荻島の解説

(1) $\cos A$ の値を求めよう。これは余弦定理だよ。

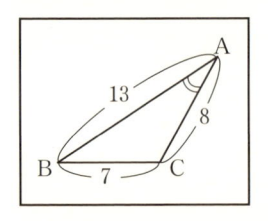

$$7^2 = 13^2 + 8^2 - 2 \cdot 13 \cdot 8 \cdot \cos A$$
$$49 = 169 + 64 - 208\cos A$$
$$208\cos A = 184$$
$$\cos A = \frac{184}{208} = \frac{23}{26} \quad \cdots\cdots 答$$

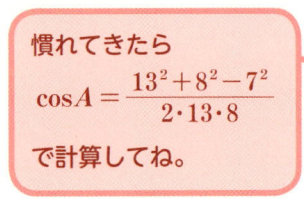

慣れてきたら
$$\cos A = \frac{13^2 + 8^2 - 7^2}{2 \cdot 13 \cdot 8}$$
で計算してね。

(2) $\sin A$ の値を求めよう。

(1) で $\cos A$ の値が求まったので $\sin^2 A + \cos^2 A = 1$ を使えば $\sin A$ が求まるよ。

$$\sin^2 A + \cos^2 A = 1$$

より

$$\sin^2 A = 1 - \cos^2 A$$
$$= 1 - \left(\frac{23}{26}\right)^2$$
$$= 1 - \frac{529}{676}$$
$$= \frac{147}{676}$$

$\cos A = \frac{23}{26}$ を代入

A は $0° < A < 180°$
このとき $\sin A > 0$

$\sin A > 0$ より

$$\sin A = \sqrt{\frac{147}{676}} = \frac{7\sqrt{3}}{26} \quad \cdots\cdots 答$$

(3) 三角形の面積 S を求めよう。

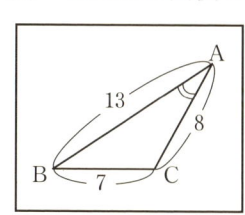

(2) で $\sin A$ が求まったので $\dfrac{1}{2} \times AB \times AC \times \sin A$ で求まるね。

$$S = \dfrac{1}{2} \times AB \times AC \times \sin A$$
$$= \dfrac{1}{2} \times 13 \times 8 \times \dfrac{7\sqrt{3}}{26}$$
$$= 14\sqrt{3} \quad \text{答}$$

(4) 内接円の半径 r を求めよう。

(3) で S が求まったので $S = \dfrac{r}{2}(a+b+c)$ で求まるね。

$$S = \dfrac{r}{2}(a+b+c)$$

より

$$14\sqrt{3} = \dfrac{r}{2}(7+8+13)$$

$$14\sqrt{3} = 14r$$

$$\therefore r = \dfrac{14\sqrt{3}}{14} = \sqrt{3} \quad \text{答}$$

それでは，解答をみてみよう。

解答

(1) 余弦定理より

$$7^2 = 13^2 + 8^2 - 2 \cdot 13 \cdot 8 \cdot \cos A$$

$$208 \cos A = 184$$

$$\therefore \cos A = \dfrac{184}{208} = \dfrac{23}{26} \quad \text{答}$$

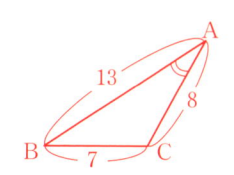

(2) $\sin^2 A = 1 - \cos^2 A$
$\qquad = 1 - \left(\dfrac{23}{26}\right)^2 = \dfrac{147}{676}$

$\sin A > 0$ より

$\sin A = \sqrt{\dfrac{147}{676}} = \dfrac{7\sqrt{3}}{26}$ ……………… 答

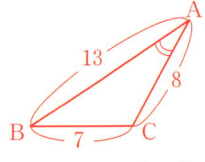

※ A は $0° < A < 180°$
このとき $\sin A > 0$

(3) $S = \dfrac{1}{2} \times AB \times AC \times \sin A$
$\qquad = \dfrac{1}{2} \times 13 \times 8 \times \dfrac{7\sqrt{3}}{26} = 14\sqrt{3}$ ……………… 答

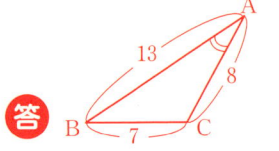

(4) $S = \dfrac{r}{2}(a+b+c)$

より $14\sqrt{3} = \dfrac{r}{2}(7+8+13)$ $\therefore r = \sqrt{3}$ ……………… 答

まとめ 三角形の面積と内接円の半径

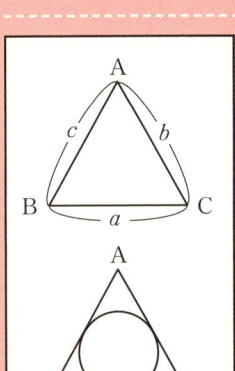

三角形 ABC の面積を S とすると
$$S = \dfrac{1}{2}ab\sin C$$
$$ = \dfrac{1}{2}bc\sin A$$
$$ = \dfrac{1}{2}ca\sin B$$

が成り立つ。また，三角形 ABC の内接円の半径を r とすると
$$S = \dfrac{r}{2}(a+b+c)$$
が成り立つよ。

外接円の半径 R は正弦定理を利用。
内接円の半径 r は面積を利用するんだよ。

単元 4 角を二等分する線分の長さ

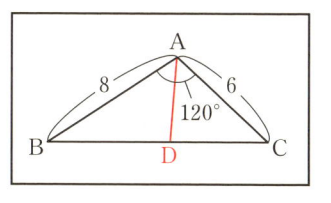

AB = 8, AC = 6, ∠BAC = 120°となる三角形 ABC において∠BAC の二等分線と線分 BC の交点を D とするとき, 線分 AD の長さを求めてみよう。

これは**三角形 ABC の面積に着目する**とうまく解決するよ。

　　△ABC ＝ △ABD ＋ △ACD

となるね。この関係式を使うんだ。

それでは問題をみてみよう！

例題

問　三角形 ABC において AB = 8, AC = 6, A = 120°とする。∠A の二等分線と辺 BC との交点を D とするとき, AD の長さを求めよ。

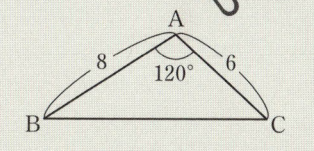

荻島の解説

　　△ABC ＝ △ABD ＋ △ACD ……… (＊)

に着目しよう。

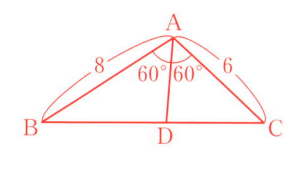

$$\triangle ABC = \frac{1}{2} \times 8 \times 6 \times \sin 120°$$
$$= \frac{1}{2} \times 8 \times 6 \times \frac{\sqrt{3}}{2}$$
$$= 12\sqrt{3} \quad \cdots\cdots ①$$

となるね。また $\angle BAD = \angle CAD = 60°$ となるので

$$\triangle ABD = \frac{1}{2} \times 8 \times AD \times \sin 60°$$
$$= \frac{1}{2} \times 8 \times AD \times \frac{\sqrt{3}}{2}$$
$$= 2\sqrt{3}\, AD \quad \cdots\cdots ②$$

$$\triangle ACD = \frac{1}{2} \times 6 \times AD \times \sin 60°$$
$$= \frac{1}{2} \times 6 \times AD \times \frac{\sqrt{3}}{2}$$
$$= \frac{3\sqrt{3}}{2} AD \quad \cdots\cdots ③$$

①,②,③を（＊）式に代入しよう。

$$12\sqrt{3} = 2\sqrt{3}\, AD + \frac{3\sqrt{3}}{2} AD$$

となるね。この式から

$$12\sqrt{3} = \frac{7\sqrt{3}}{2} AD$$

$$\therefore AD = 12\sqrt{3} \times \frac{2}{7\sqrt{3}} = \frac{24}{7}$$

それでは，解答をみてみよう。

単元 ❹ 角を二等分する線分の長さ

解答　A

△ABC = △ABD + △ACD

が成り立つので

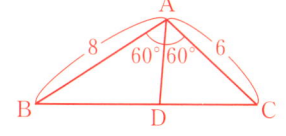

$$\frac{1}{2} \times 8 \times 6 \times \sin 120° = \frac{1}{2} \times 8 \times AD \times \sin 60° + \frac{1}{2} \times 6 \times AD \times \sin 60°$$

$$12\sqrt{3} = 2\sqrt{3}\,AD + \frac{3\sqrt{3}}{2}AD$$

∴ $AD = \dfrac{24}{7}$ ……… 答

第2講 三角形への応用

角を二等分する線分の長さ　まとめ

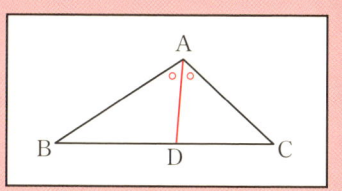

線分 AD の長さを求めるときは，

三角形の面積に注目する

△ABC = △ABD + △ACD

単元 5 三角関数の最大・最小

$y = 2 - \sin^2 x - \cos x$ ($0° \leqq x \leqq 180°$) の最大値・最小値を求めていこう。

$y = 2 - \sin^2 x - \cos x$ は $\sin x$ と $\cos x$ の2種類の変数があるけれど，$\sin^2 x = 1 - \cos^2 x$ を使えば，$\sin x$ を消して，y を $\cos x$ だけで表せるね。

$$y = 2 - \sin^2 x - \cos x$$
$$= 2 - (1 - \cos^2 x) - \cos x$$
$$= \cos^2 x - \cos x + 1$$

となるね。さらに $t = \cos x$ とおくと

$$y = \cos^2 x - \cos x + 1$$
$$= t^2 - t + 1$$

となり，2次関数となるね。これの最大，最小を求めればいいんだよ。

それでは，問題をみてみよう！

例題 Q

問 $y = 2 - \sin^2 x - \cos x$ ($0° \leqq x \leqq 180°$) の最大値，最小値を求めよ。またそのときの x の値を求めよ。

荻島の解説

$$y = 2 - \sin^2 x - \cos x$$
$$= 2 - (1 - \cos^2 x) - \cos x$$
$$= \cos^2 x - \cos x + 1$$

となるね。$t = \cos x$ とおくと

$$y = \cos^2 x - \cos x + 1$$
$$= t^2 - t + 1$$
$$= \left(t - \frac{1}{2}\right)^2 - \frac{1}{4} + 1$$
$$= \left(t - \frac{1}{2}\right)^2 + \frac{3}{4}$$

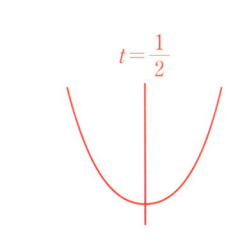

となるね。でも $t = \frac{1}{2}$ のとき最小値 $\frac{3}{4}$ なんてしたらダメだよ。t の範囲があるんだ。注意してね。

$0° \leqq x \leqq 180°$ より $-1 \leqq \cos x \leqq 1$ となるね。よって $-1 \leqq t \leqq 1$

$$y = \left(t - \frac{1}{2}\right)^2 + \frac{3}{4} \quad (-1 \leqq t \leqq 1)$$

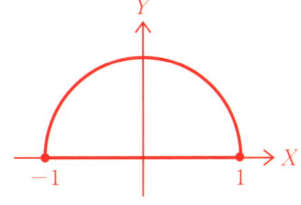

の最大値,最小値を求めれば OK だね。

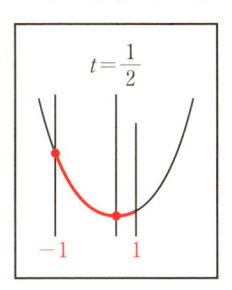

最大値

$t = -1$ のとき最大となるね。このとき

$$y = t^2 - t + 1$$
$$= (-1)^2 - (-1) + 1$$
$$= 1 + 1 + 1$$
$$= 3 \quad \cdots\cdots 答$$

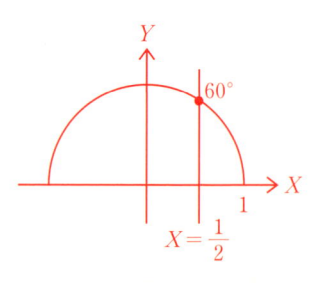

また
$$t = -1$$
$$\cos x = -1$$
$$x = 180°$$ ……………… 答

となるね。

最小値

$t = \dfrac{1}{2}$ のとき最小となるね。

このとき
$$y = \left(t - \dfrac{1}{2}\right)^2 + \dfrac{3}{4}$$
$$= \dfrac{3}{4}$$ ……………… 答

また
$$t = \dfrac{1}{2}$$
$$\cos x = \dfrac{1}{2}$$
$$x = 60°$$ ……………… 答

となるね。

以上より

$x = 180°$ のとき最大値 3 ……………… 答

$x = 60°$ のとき最小値 $\dfrac{3}{4}$ ……………… 答

それでは，解答をみてみよう！

解答　A

$t = \cos x$ $(-1 \leqq t \leqq 1)$ とおく

$$y = 2 - \sin^2 x - \cos x$$
$$= 2 - (1 - t^2) - t$$
$$= t^2 - t + 1$$
$$= \left(t - \frac{1}{2}\right)^2 + \frac{3}{4}$$

$t = -1$ のとき最大となる。このとき

$$y = t^2 - t + 1 = 3$$
$$\cos x = -1$$
$$x = 180°$$

$t = \dfrac{1}{2}$ のとき最小となる。このとき

$$y = \left(t - \frac{1}{2}\right)^2 + \frac{3}{4} = \frac{3}{4}$$
$$\cos x = \frac{1}{2}$$
$$x = 60°$$

以上より

$x = 180°$ のとき最大値 3 ……**答**

$x = 60°$ のとき最小値 $\dfrac{3}{4}$ ……**答**

三角関数の最大・最小　まとめ

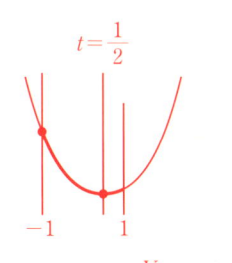

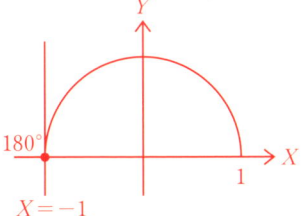

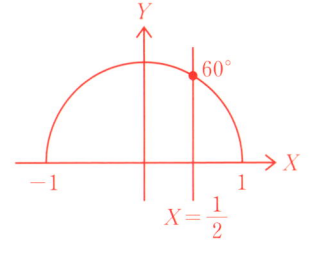

$y = 2 - \sin^2 x - \cos x$ $(0° \leqq x \leqq 180°)$ の最大値，最小値を求める問題では

$$\sin^2 x = 1 - \cos^2 x$$
$$\cos^2 x = 1 - \sin^2 x$$

などを利用して，変数を減らしていく

単元 6　sin A : sin B : sin C = a : b : c

正弦定理より

$$\frac{a}{\sin A} = \frac{b}{\sin B} = \frac{c}{\sin C} = 2R$$

（R は外接円の半径）

が成り立つね。

$$\frac{a}{\sin A} = 2R \text{ より } a = 2R\sin A$$

$$\frac{b}{\sin B} = 2R \text{ より } b = 2R\sin B$$

$$\frac{c}{\sin C} = 2R \text{ より } c = 2R\sin C$$

となるね。これを使って辺の比 $a:b:c$ を考えよう。

$$a:b:c = 2R\sin A : 2R\sin B : 2R\sin C$$
$$= \sin A : \sin B : \sin C$$

←　2R で割った

つまり

$$a:b:c = \sin A : \sin B : \sin C$$

となるね。**辺の比が sin の比と等しくなるんだ。**

この関係式は入試でよく出てくるから，しっかり覚えておいてね！

それでは，問題を解いてみよう！

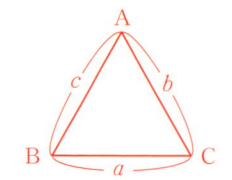

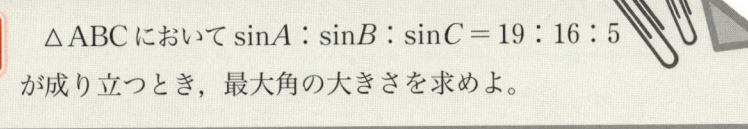

単元 ❻ $\sin A : \sin B : \sin C = a : b : c$　091

例題

問 △ABCにおいて $\sin A : \sin B : \sin C = 19 : 16 : 5$ が成り立つとき，最大角の大きさを求めよ。

荻島の解説

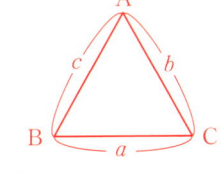

$$\sin A : \sin B : \sin C = 19 : 16 : 5$$

から

$$a : b : c = 19 : 16 : 5$$

が分かるね。このとき

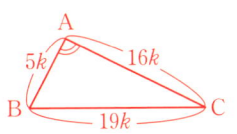

$$a = 19k, \ b = 16k, \ c = 5k$$

とおけるね。この情報から A，B，C のうち最大角はどれか分かる？

a が最大辺だから，A が最大角となるね。A の大きさを求めるんだ。$a = 19k, \ b = 16k, \ c = 5k$ から余弦定理を使って，まず $\cos A$ を求めよう。

$$\cos A = \frac{(5k)^2 + (16k)^2 - (19k)^2}{2 \cdot 5k \cdot 16k}$$

$$= \frac{25k^2 + 256k^2 - 361k^2}{160k^2}$$

$$= \frac{-80k^2}{160k^2}$$

$$= -\frac{1}{2}$$

$$\boxed{\cos A = \frac{b^2 + c^2 - a^2}{2bc}}$$

となるね。

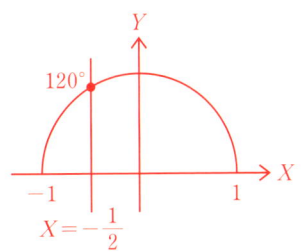

$\cos A = -\dfrac{1}{2}$ より $A = 120°$

と求まるね。よって**最大角は120°**となるね。

それでは解答をみてみよう！

解答 A

$\sin A : \sin B : \sin C = 19 : 16 : 5$

> $\sin A : \sin B : \sin C = a : b : c$

より

$a : b : c = 19 : 16 : 5$

となる。このとき，最大角は A であり

$a = 19k, \ b = 16k, \ c = 5k$

とおけるので

$\cos A = \dfrac{(5k)^2 + (16k)^2 - (19k)^2}{2 \cdot 5k \cdot 16k}$

$= \dfrac{-80k^2}{160k^2} = -\dfrac{1}{2}$

$A = 120°$

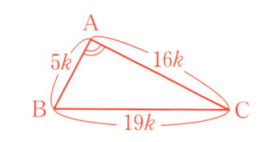

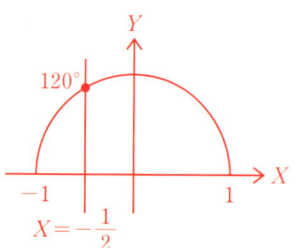

よって**最大角は 120°** ……答

まとめ

$\sin A : \sin B : \sin C = a : b : c$

正弦定理より

$$\dfrac{a}{\sin A} = \dfrac{b}{\sin B} = \dfrac{c}{\sin C} = 2R$$

が成り立つので

$a = 2R \sin A, \ b = 2R \sin B, \ c = 2R \sin C$

よって

$a : b : c = \sin A : \sin B : \sin C$

が成り立つ。

単元7 円に内接する四角形

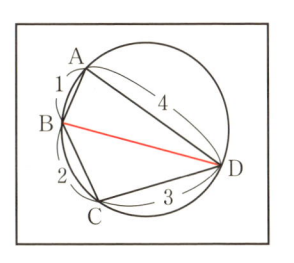

円に内接する四角形 ABCD があり，AB = 1, BC = 2, CD = 3, DA = 4 のとき，BD の長さを求めてみよう。

まず $\angle BAD = \theta$ とおくと，$\angle BCD$ は $180° - \theta$ となるね。

△ABD で余弦定理を考えよう。

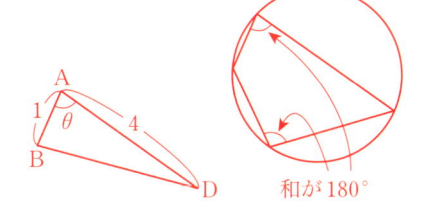

$$BD^2 = 1^2 + 4^2 - 2 \cdot 1 \cdot 4 \cdot \cos\theta$$
$$= 1 + 16 - 8\cos\theta$$
$$= 17 - 8\cos\theta \quad \cdots\cdots ①$$

となるね。

次に △BCD で余弦定理を考えよう。

$$BD^2 = 2^2 + 3^2 - 2 \cdot 2 \cdot 3 \cdot \underline{\cos(180° - \theta)}$$

$\cos\alpha \Rightarrow -\cos\alpha$

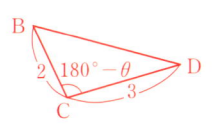

$$= 4 + 9 + 12\cos\theta$$
$$= 13 + 12\cos\theta \quad \cdots\cdots ②$$

①，②はともに BD^2 を表しているので等しいはずだよね。

$$17 - 8\cos\theta = 13 + 12\cos\theta$$
$$20\cos\theta = 4$$
$$\cos\theta = \frac{4}{20} = \frac{1}{5}$$

（①＝②より）

となるよね。これを①式に代入すれば BD が分かるでしょう。**内接する四角形は対角の和が 180° に着目するんだよ。**

それでは，問題をみてみよう！

例題 Q

> 円に内接する四角形 ABCD がある。AB = 1, BC = 2, CD = 3, DA = 4 のとき, 次の問いに答えよ。
> (1) 対角線 BD の長さを求めよ。
> (2) 対角線 AC の長さを求めよ。

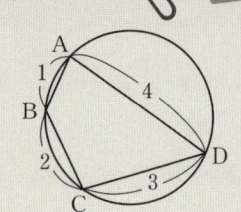

荻島の解説

(1)

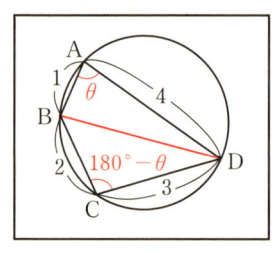

$\angle BAD = \theta$ とおくと $\angle BCD = 180° - \theta$ となるね。 対角の和は180°となる

△ABD で余弦定理より

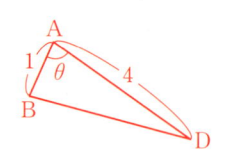

$BD^2 = 1^2 + 4^2 - 2 \cdot 1 \cdot 4 \cdot \cos\theta$

$= 1 + 16 - 8\cos\theta$

$= 17 - 8\cos\theta$ ……… ①

△BCD で余弦定理より

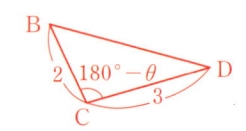

$BD^2 = 2^2 + 3^2 - 2 \cdot 2 \cdot 3 \cdot \cos(180° - \theta)$
$-\cos\theta$

$= 4 + 9 + 12\cos\theta$

$= 13 + 12\cos\theta$ ……… ②

①, ②より

単元 ❼ 円に内接する四角形　095

$$17 - 8\cos\theta = 13 + 12\cos\theta$$
$$-20\cos\theta = -4$$
$$\cos\theta = \frac{-4}{-20} = \frac{1}{5}$$

①＝②より

となるね。これを①式に代入しよう。
$$BD^2 = 17 - 8\cos\theta$$
$$= 17 - \frac{8}{5}$$
$$= \frac{77}{5}$$

$$\therefore BD = \sqrt{\frac{77}{5}} \quad \cdots\cdots 答$$

(2) 今度は左側の三角形 ABC と右側の三角形 ACD で余弦定理を考えるんだよ。
$\angle ABC = \beta$ とおくと，$\angle ADC = 180° - \beta$
となるね。　対角の和は180°となる

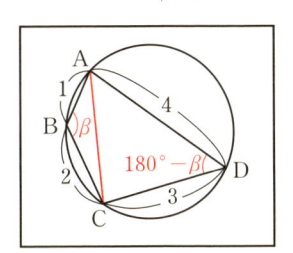

△ABC で余弦定理より 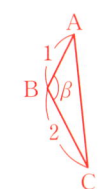
$$AC^2 = 1^2 + 2^2 - 2 \cdot 1 \cdot 2 \cdot \cos\beta$$
$$= 1 + 4 - 4\cos\beta$$
$$= 5 - 4\cos\beta \quad \cdots\cdots ①$$

△ACD で余弦定理より
$$AC^2 = 4^2 + 3^2 - 2 \cdot 4 \cdot 3 \cdot \cos(180° - \beta)$$ 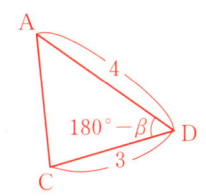
　　　　　　　　　　　　　$-\cos\beta$
$$= 16 + 9 + 24\cos\beta$$
$$= 25 + 24\cos\beta \quad \cdots\cdots ②$$

①，②より

第2講 三角形への応用

$$5-4\cos\beta = 25+24\cos\beta$$
$$-28\cos\beta = 20$$
$$\cos\beta = \frac{20}{-28} = -\frac{5}{7}$$

①＝②より

となるね。これを①式に代入しよう。

$$AC^2 = 5-4\cos\beta$$
$$= 5+\frac{20}{7}$$
$$= \frac{55}{7}$$
$$\therefore AC = \sqrt{\frac{55}{7}} \quad \cdots\cdots\text{答}$$

別解

(1)で $BD = \sqrt{\dfrac{77}{5}}$ と求まったね。

ある公式を利用すると AC がもっと楽に求めることができるよ。

ある公式を使うと

$$1\times 3 + 2\times 4 = AC \times \sqrt{\frac{77}{5}}$$

$$3+8 = \sqrt{\frac{77}{5}}\,AC$$

$$AC = 11\times\sqrt{\frac{5}{77}} = \sqrt{121}\times\sqrt{\frac{5}{77}} = \sqrt{121\times\frac{5}{77}} = \sqrt{\frac{55}{7}}$$

と簡単に求まるんだ。

そのある公式とは

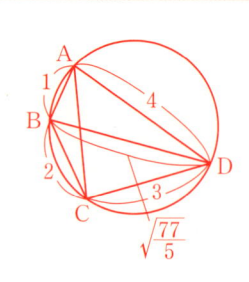

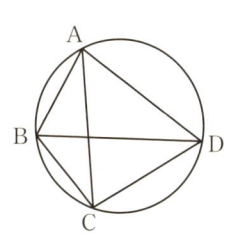

単元 ❼ 円に内接する四角形

> **トレミーの定理**
>
> 四角形 ABCD が円に内接しているとき
> $$AB \times CD + BC \times AD = AC \times BD$$
> が成り立つ。
>
> 内接する四角形のとき成り立つ公式だよ。非常に便利な公式なので，ぜひ覚えてね！

それでは，解答をみてみよう！

解 答 A

(1) $\angle BAD = \theta$ とおくと $\angle BCD = 180° - \theta$ となる。

　　　　対角の和は180°

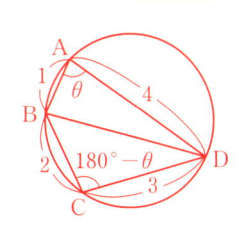

△ABD で余弦定理より

$$BD^2 = 1^2 + 4^2 - 2 \cdot 1 \cdot 4 \cdot \cos\theta$$
$$= 17 - 8\cos\theta \quad \cdots\cdots ①$$

△BCD で余弦定理より

$$BD^2 = 2^2 + 3^2 - 2 \cdot 2 \cdot 3 \cdot \cos(180° - \theta)$$

　　　　　　　　　　　　　　$-\cos\theta$

$$= 13 + 12\cos\theta \quad \cdots\cdots ②$$

①，②より

$$17 - 8\cos\theta = 13 + 12\cos\theta \quad \text{(①=②より)}$$

$$\cos\theta = \frac{1}{5}$$

①式に代入

$$BD^2 = 17 - \frac{8}{5} = \frac{77}{5}$$

$$\therefore BD = \sqrt{\frac{77}{5}} \quad \text{答}$$

(2) $\angle ABC = \beta$ とおくと，$\angle ADC = 180°-\beta$ となる

△ABC で余弦定理より

$$AC^2 = 1^2 + 2^2 - 2 \cdot 1 \cdot 2 \cdot \cos\beta$$
$$= 5 - 4\cos\beta \quad \text{①}$$

△ACD で余弦定理より

$$AC^2 = 4^2 + 3^2 - 2 \cdot 4 \cdot 3 \cdot \underline{\cos(180°-\beta)}$$

$-\cos\beta$

$$= 25 + 24\cos\beta \quad \text{②}$$

①，②より

$$5 - 4\cos\beta = 25 + 24\cos\beta$$

$$\cos\beta = -\frac{5}{7}$$

①＝②より

①式に代入

$$AC^2 = 5 + \frac{20}{7} = \frac{55}{7}$$

$$\therefore AC = \sqrt{\frac{55}{7}} \quad \text{答}$$

別解

トレミーの定理より

$$AB \times CD + BC \times AD = AC \times BD$$

$$1 \times 3 + 2 \times 4 = AC \times \sqrt{\frac{77}{5}}$$

$$\sqrt{\frac{77}{5}} AC = 11$$

$$\therefore AC = 11 \times \sqrt{\frac{5}{77}} = \sqrt{121 \times \frac{5}{77}} = \sqrt{\frac{55}{7}}$$

まとめ　円に内接する四角形

四角形 ABCD が円に内接しているとき

$$\angle BAD + \angle BCD = 180°$$

が成り立つ。

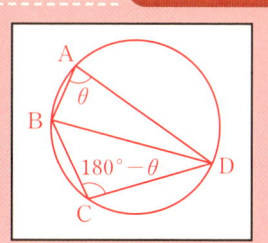

単元 8 中線の長さ

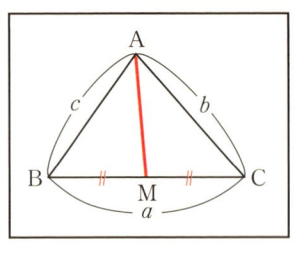

$AB = c$, $BC = a$, $CA = b$ である三角形 ABC において，BC の中点を M とするとき，線分 AM の長さを求めていこう。ちなみに，頂点と中点を結ぶ線分を**中線**というよ。

まず，△ABC で余弦定理を考えて $\cos B$ を求めよう。

$$\cos B = \frac{c^2 + a^2 - b^2}{2ca}$$

となるね。次に △ABM を考えよう。$\cos B$ が求まったので，余弦定理で AM が求まるね。

$$\begin{aligned} AM^2 &= c^2 + \left(\frac{a}{2}\right)^2 - 2 \cdot c \cdot \frac{a}{2} \cdot \cos B \\ &= c^2 + \frac{a^2}{4} - 2 \cdot c \cdot \frac{a}{2} \cdot \frac{c^2 + a^2 - b^2}{2ca} \\ &\vdots \end{aligned}$$

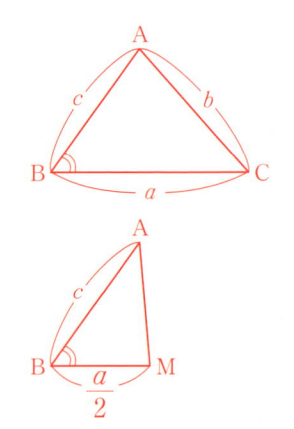

それでは，問題をみてみよう！

単元 ⑧ 中線の長さ

例題

問 三角形 ABC において，AB = 8，BC = 12，CA = 10 とし，辺 BC の中点を M とする。
このとき線分 AM の長さを求めよ。

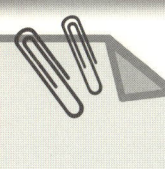

荻島の解説

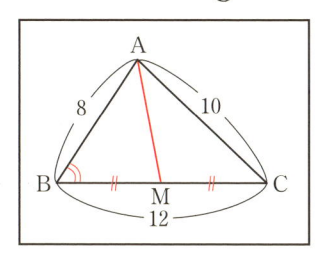

まず △ABC で余弦定理を考えて，$\cos B$ を求めよう。

$$\cos B = \frac{8^2 + 12^2 - 10^2}{2 \cdot 8 \cdot 12}$$

$$= \frac{64 + 144 - 100}{192}$$

$$= \frac{108}{192} = \frac{9}{16}$$

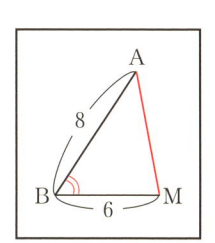

次に △ABM で余弦定理を考えて，AM を求めよう。

$$AM^2 = 8^2 + 6^2 - 2 \cdot 8 \cdot 6 \cdot \cos B$$

$$= 64 + 36 - 2 \cdot 8 \cdot 6 \cdot \frac{9}{16}$$

$$= 64 + 36 - 54$$

$$= 46$$

$$\therefore \ AB = \sqrt{46}$$

実は，**ある公式**を使うと，もっと楽に求まるんだ。

ある公式を使うと

$8^2 + 10^2 = 2(AM^2 + 6^2)$

$164 = 2(AM^2 + 36)$

$AM^2 + 36 = 82$

$AM^2 = 82 - 36 = 46$

∴ $AM = \sqrt{46}$

さて，そのある公式を説明しよう。

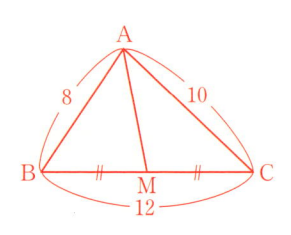

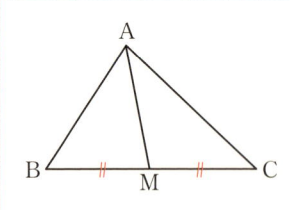

三角形 ABC の辺 BC の中点を M とすると

$$AB^2 + AC^2 = 2(AM^2 + BM^2)$$

が成り立つよ。

これをパップスの中線定理というんだ。

パップスの中線定理

ついでに，パップスの中線定理を証明しておくよ。
余力のある人は理解してね。（余力のない人は読み飛ばしてね。）

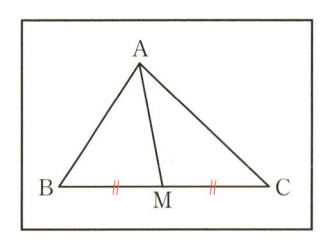

$\vec{AB} = \vec{AM} + \vec{MB}$ ………… ①

となるね。また

$\vec{AC} = \vec{AM} + \vec{MC}$ ………… ②

となるね。

ここで $\vec{MB}$ と $\vec{MC}$ は逆向きで，長さが等しいので

$\vec{MC} = -\vec{MB}$ ………… ③

となるね。③式を②式に代入すると

$\vec{AC} = \vec{AM} - \vec{MB}$ ………… ②′

となるでしょう。

①式から

$|\vec{AB}| = |\vec{AM} + \vec{MB}|$

となるので

単元❽ 中線の長さ　103

$$|\overrightarrow{AB}|^2 = |\overrightarrow{AM}+\overrightarrow{MB}|^2$$
$$\therefore |\overrightarrow{AB}|^2 = |\overrightarrow{AM}|^2 + 2\overrightarrow{AM}\cdot\overrightarrow{MB} + |\overrightarrow{MB}|^2 \cdots\cdots ①'$$

②′式から
$$|\overrightarrow{AC}| = |\overrightarrow{AM}-\overrightarrow{MB}|$$
となるので
$$\therefore |\overrightarrow{AC}|^2 = |\overrightarrow{AM}|^2 - 2\overrightarrow{AM}\cdot\overrightarrow{MB} + |\overrightarrow{MB}|^2 \cdots\cdots ②''$$

①′+②″より
$$|\overrightarrow{AB}|^2 = |\overrightarrow{AM}|^2 + 2\overrightarrow{AM}\cdot\overrightarrow{MB} + |\overrightarrow{MB}|^2$$
$$+)\ |\overrightarrow{AC}|^2 = |\overrightarrow{AM}|^2 - 2\overrightarrow{AM}\cdot\overrightarrow{MB} + |\overrightarrow{MB}|^2$$
$$|\overrightarrow{AB}|^2 + |\overrightarrow{AC}|^2 = 2(|\overrightarrow{AM}|^2 + |\overrightarrow{MB}|^2)$$
$$\therefore AB^2 + AC^2 = 2(AM^2 + MB^2) \text{ が成り立つ。}$$

それでは，解答をみてみよう。

解答　A

△ABC で余弦定理を考えて
$$\cos B = \frac{8^2+12^2-10^2}{2\cdot 8\cdot 12} = \frac{9}{16}$$

次に △ABM で余弦定理を考えて
$$AM^2 = 8^2 + 6^2 - 2\cdot 8\cdot 6\cdot \cos B$$
$$= 64 + 36 - 2\cdot 8\cdot 6\cdot \frac{9}{16}$$
$$= 46$$
$$\therefore AM = \sqrt{46} \quad \text{答}$$

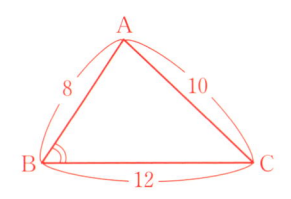

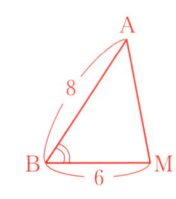

別解

パップスの中線定理より
$$8^2 + 10^2 = 2(AM^2 + 6^2)$$
よって $AM = \sqrt{46}$

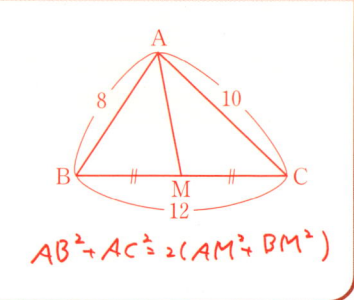

$AB^2 + AC^2 = 2(AM^2 + BM^2)$

中線の長さ　　まとめ

三角形の頂点と対辺の中点を結ぶ線分を中線というよ。
中線を求める問題では

① 1つの角に注目して余弦定理を利用する。

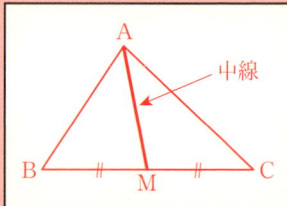

② 中線定理を利用する。

単元9 三角形の形状問題

AB $= c$, BC $= a$, CA $= b$ とする

$$\sin A = 2\cos B \sin C$$

のとき三角形 ABC の形状を調べていこう。

三角形の形状を調べるとは，たとえば $a = b$ ならば二等辺三角形となるね。$a^2 + b^2 = c^2$ が成り立つならば直角三角形となるね。このように**辺の関係**から三角形の形状を知ることができるよ。

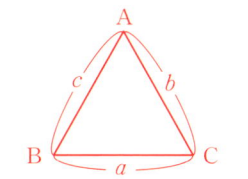

条件式は

$$\sin A = 2\cos B \sin C \cdots ①$$

だね。これを辺の関係に持ち込むんだ。

正弦定理より

$$\frac{a}{\sin A} = 2R \quad (R \text{ は外接円の半径})$$

となるね。この式から

$$\frac{\sin A}{a} = \frac{1}{2R}$$

$$\sin A = \frac{a}{2R} \cdots ②$$

となるね。同じように

$$\frac{c}{\sin C} = 2R$$

から

$$\frac{a}{\sin A} = \frac{b}{\sin B} = \frac{c}{\sin C} = 2R$$

〈正弦定理〉

$$\frac{\sin C}{c} = \frac{1}{2R}$$

$$\sin C = \frac{c}{2R} \quad \cdots\cdots ③$$

となるね。また，余弦定理より

$$\cos B = \frac{c^2 + a^2 - b^2}{2ca} \quad \cdots\cdots ④$$

となるね。②，③，④を①式に代入しよう。

$$\frac{a}{2R} = 2 \cdot \frac{c^2 + a^2 - b^2}{2ca} \cdot \frac{c}{2R}$$

となるね。この式を整理していけば解決するよ。

それでは，問題をみてみよう！

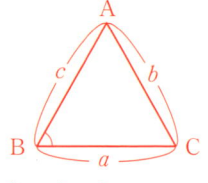

$b^2 = c^2 + a^2 - 2ca\cos B$
$\cos B = \dfrac{c^2 + a^2 - b^2}{2ca}$
〈余弦定理〉

例題 Q

問 $AB = c$, $BC = a$, $CA = b$ とする。$\triangle ABC$ が次の条件を満たすとき，$\triangle ABC$ はどのような三角形か。

(1) $\sin A = 2\cos B \sin C$

(2) $a^2 \cos A \sin B = b^2 \cos B \sin A$

荻島の解説

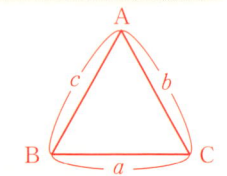

(1) $\sin A = 2\cos B \sin C \quad \cdots\cdots ①$

正弦定理より

$$\frac{a}{\sin A} = 2R$$

（R は外接円の半径）

となるね。この式から

$$\frac{a}{\sin A} = \frac{b}{\sin B} = \frac{c}{\sin C} = 2R$$

〈正弦定理〉

単元 ⑨ 三角形の形状問題　107

$$\frac{\sin A}{a} = \frac{1}{2R}$$

（両辺の逆数をとった）

$$\sin A = \frac{a}{2R} \quad \cdots\cdots ②$$

となるね。同じように

$$\frac{c}{\sin C} = 2R$$

より

（両辺の逆数をとった）

$$\frac{\sin C}{c} = \frac{1}{2R}$$

$$\sin C = \frac{c}{2R} \quad \cdots\cdots ③$$

となるね。また，余弦定理より

$$\cos B = \frac{c^2 + a^2 - b^2}{2ca} \quad \cdots\cdots ④$$

となるね。②，③，④を①式に代入しよう。

$$\frac{a}{2R} = 2 \cdot \frac{c^2 + a^2 - b^2}{2ca} \cdot \frac{c}{2R}$$

$$\frac{a}{2R} = \frac{c^2 + a^2 - b^2}{2aR}$$

両辺に $2aR$ を掛けよう。

$$a^2 = c^2 + a^2 - b^2$$

$$c^2 - b^2 = 0$$

$$(c+b)(c-b) = 0$$

$c+b \neq 0$ より　　　（$c > 0$, $b > 0$ より $c+b > 0$）

$$c - b = 0$$

$$b = c$$

となるね。

よって **AB＝AC の二等辺三角形** となるね。……**答**

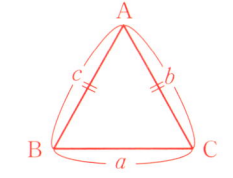

第2講 三角形への応用

(2) $a^2 \cos A \sin B = b^2 \cos B \sin A$ ……… ①

(1)と同じように，辺の関係に持ち込もう！

余弦定理より

$$\cos A = \frac{b^2+c^2-a^2}{2bc}$$ ……… ②

$$\cos B = \frac{c^2+a^2-b^2}{2ca}$$ ……… ③

となるね。正弦定理より

$$\frac{a}{\sin A} = \frac{b}{\sin B} = 2R$$

となるので

$$\sin A = \frac{a}{2R}$$ ……… ④

$$\sin B = \frac{b}{2R}$$ ……… ⑤

となるね。②，③，④，⑤を①式に代入しよう。

$$a^2 \cdot \frac{b^2+c^2-a^2}{2bc} \cdot \frac{b}{2R} = b^2 \cdot \frac{c^2+a^2-b^2}{2ca} \cdot \frac{a}{2R}$$

$$\frac{a^2(b^2+c^2-a^2)}{4cR} = \frac{b^2(c^2+a^2-b^2)}{4cR}$$

両辺に $4cR$ を掛けよう。

$$a^2(b^2+c^2-a^2) = b^2(c^2+a^2-b^2)$$

$$a^2b^2 + c^2a^2 - a^4 = b^2c^2 + a^2b^2 - b^4$$

$$c^2a^2 - b^2c^2 - a^4 + b^4 = 0$$

$$c^2(a^2-b^2) - (a^4-b^4) = 0$$

$(a^2)^2-(b^2)^2 = (a^2-b^2)(a^2+b^2)$

$$(a^2-b^2)(c^2-(a^2+b^2)) = 0$$

となるので

$$a^2-b^2 = 0 \text{ または } c^2-(a^2+b^2) = 0$$

となるね。

> $xy=0$ のとき
> $x=0$ または $y=0$

単元 ⑨ 三角形の形状問題　109

$a^2 - b^2 = 0$ のとき

$$(a-b)(a+b) = 0$$

$a + b \neq 0$ より

$$a - b = 0$$
$$a = b$$

このとき BC = CA の二等辺三角形となるね。

$c^2 - (a^2 + b^2) = 0$ のとき

$$c^2 = a^2 + b^2$$

このとき ∠C = 90° の直角三角形となるね。

以上より

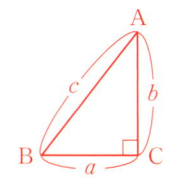

BC = CA の二等辺三角形または ∠C = 90° の直角三角形。 ……答

それでは，解答を見てみよう！

解答　A

(1)　$\sin A = 2\cos B \sin C$ ………①

正弦定理より

$$\sin A = \frac{a}{2R},\ \sin C = \frac{c}{2R}$$

余弦定理より

$$\cos B = \frac{c^2 + a^2 - b^2}{2ca}$$

これらを①式に代入

$$\frac{a}{2R} = 2 \cdot \frac{c^2 + a^2 - b^2}{2ca} \cdot \frac{c}{2R}$$

$$a^2 = c^2 + a^2 - b^2$$

$$(c+b)(c-b) = 0$$

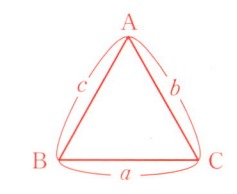

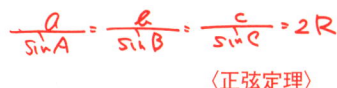

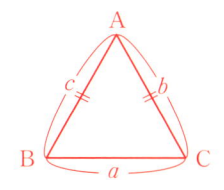

$\dfrac{a}{\sin A} = \dfrac{b}{\sin B} = \dfrac{c}{\sin C} = 2R$

〈正弦定理〉

第2講　三角形への応用

$c+b \neq 0$ より $b=c$

よって **AB＝AC の二等辺三角形。** 答

(2) $a^2 \cos A \sin B = b^2 \cos B \sin A$ ……… ①

余弦定理より

$$\cos A = \frac{b^2+c^2-a^2}{2bc}$$

$$\cos B = \frac{c^2+a^2-b^2}{2ca}$$

正弦定理より

$$\sin A = \frac{a}{2R}$$

$$\sin B = \frac{b}{2R}$$

これらを①式に代入

$$a^2 \cdot \frac{b^2+c^2-a^2}{2bc} \cdot \frac{b}{2R} = b^2 \cdot \frac{c^2+a^2-b^2}{2ca} \cdot \frac{a}{2R}$$

$$a^2(b^2+c^2-a^2) = b^2(c^2+a^2-b^2)$$

$$c^2a^2 - b^2c^2 - a^4 + b^4 = 0$$

$$(a^2-b^2)(c^2-(a^2+b^2)) = 0$$

$$a=b \text{ または } c^2 = a^2+b^2$$

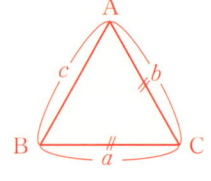

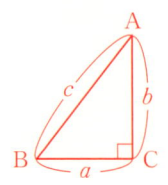

となるので

BC＝CA の二等辺三角形または∠C＝90°の直角三角形。 答

三角形の形状問題 まとめ

$\sin A = 2\cos B \sin C$

などの条件が与えられたときは

$$\sin A = \frac{a}{2R}, \quad \sin B = \frac{b}{2R}, \quad \sin C = \frac{c}{2R} \quad \text{正弦定理}$$

や

$$\cos A = \frac{b^2+c^2-a^2}{2bc}$$
$$\cos B = \frac{c^2+a^2-b^2}{2ca} \quad \text{余弦定理}$$
$$\cos C = \frac{a^2+b^2-c^2}{2ab}$$

を利用して辺の関係に持ち込むと解決するよ！

単元 10 三角不等式

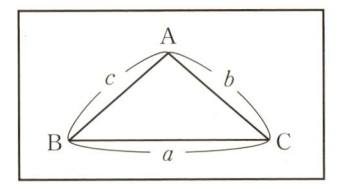

最大辺が a となる図のような三角形 ABC が
あるとき
$$a < b+c$$
が成り立つよ。

たとえば

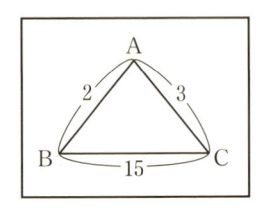

という三角形が明らかに存在しないのが分かる？

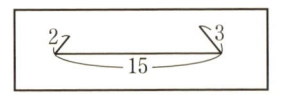

BC = 15 が大きすぎるので，実際には左図
のような図形になるね。

つまり三角形となるためには

　　最大辺の長さ＜他の2辺の長さの和

が成り立たなくてはいけないんだ。この不等式を**三角不等式**と呼ぶよ。

それでは，問題をみてみよう。

例題

問 三角形 ABC において AB $= a-1$, BC $= a+1$, CA $= a$ とする。
(1) a の範囲を求めよ。
(2) 三角形 ABC が鈍角三角形となるとき，a の値の範囲を求めよ。

荻島の解説

(1) a の範囲を求めよう。

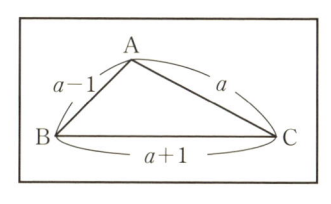

$a-1$, a, $a+1$ のうち $a+1$ が最大辺だから

$$a+1 < (a-1)+a$$

が成り立つね。

（最大辺の長さ ＜ 他の2辺の長さの和）

$$a+1 < a-1+a$$
$$-a < -2$$
$$\therefore a > 2 \quad \text{答}$$

となるよ。

今回は最大辺が $a+1$ と分かっていたので

$$a+1 < (a-1)+a$$

だけで十分だったけれども，どれが最大辺か分からないときは

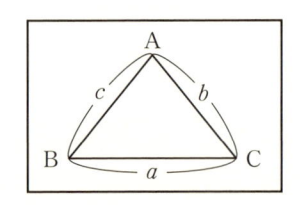

$a < b+c$　 aが最大辺のとき

かつ

$b < c+a$　 bが最大辺のとき

かつ

$c < a+b$　 cが最大辺のとき

の3つの不等式を考えなくてはいけないよ。

　実は，この3つの不等式をまとめることが出来るよ。

$a < b+c$ ………… ①

$b < c+a$ ………… ②

$c < a+b$ ………… ③

②式より

$b-c < a$ ………… ②′

③式より

$c-b < a$ ………… ③′

②′式かつ③′式より

$|b-c| < a$ ………… ④

①かつ④より

$|b-c| < a < b+c$

と整理できるね。

(2)　△ABCが鈍角三角形となるときの a の範囲を求めよう。

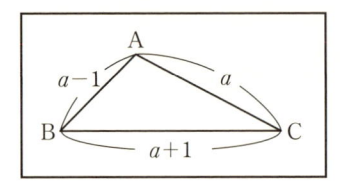

鈍角三角形…最大角 $> 90°$
直角三角形…最大角 $= 90°$
鋭角三角形すべての角 $< 90°$

Point

鈍角三角形となるとき最大角が90°より大きくなるよ。

BC $= a+1$ が最大辺だから A が最大角となるので，A $> 90°$ となれば OK。

3辺の長さが a で表されているので，余弦定理より $\cos A$ を a で表していこう。

$$\cos A = \frac{AB^2 + AC^2 - BC^2}{2 \cdot AB \cdot AC}$$

$$= \frac{(a-1)^2 + a^2 - (a+1)^2}{2 \cdot (a-1) \cdot a}$$

$$= \frac{a^2 - 2a + 1 + a^2 - (a^2 + 2a + 1)}{2a(a-1)}$$

$$= \frac{a^2 - 4a}{2a(a-1)}$$

となるね。

A $> 90°$ のとき $\cos A < 0$ となるので

$$\frac{a^2 - 4a}{2a(a-1)} < 0$$

両辺に $2a(a-1)$ を掛けて

$a^2 - 4a < 0$

$a(a-4) < 0$

$0 < a < 4$ ………… ①

また (1) より

$a > 2$ ………… ②

①かつ②より

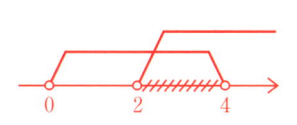

$2 < a < 4$ ………… **答**

それでは，解答をみてみよう。

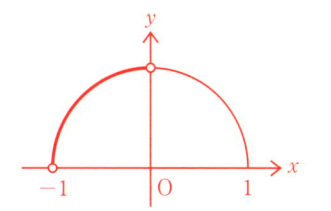

解答

(1) $a+1$ が最大辺となるので

$$a+1 < (a-1)+a$$

∴ $a > 2$ ……① 答

最大辺の長さく他の2辺の長さの和

(2) $a+1$ が最大辺より，A が最大角となるので $A > 90°$ となれば良い。

$$\cos A = \frac{(a-1)^2 + a^2 - (a+1)^2}{2(a-1)a}$$

$$= \frac{a^2 - 4a}{2a(a-1)}$$

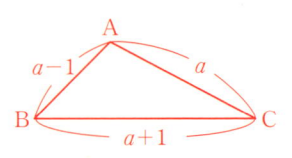

$A > 90°$ のとき $\cos A < 0$ となるので

$$\frac{a^2 - 4a}{2a(a-1)} < 0$$

$2a(a-1) > 0$ を掛けて

$a^2 - 4a < 0$

$a(a-4) < 0$

$0 < a < 4$ ……②

①かつ②より

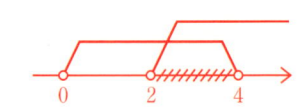

$2 < a < 4$ 答

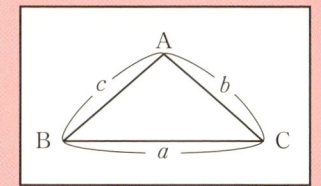

三角不等式 【まとめ】

最大辺が a となる図のような三角形 ABC があるとき
$$a < b + c$$
が成り立つ。

また，a, b, c の大小関係が分からないときは
$$a < b + c$$
かつ
$$b < c + a$$
かつ
$$c < a + b$$
を考えなくてはいけない。

この3つの不等式は
$$|b - c| < a < b + c$$
とまとめられるよ。

単元11 発展 18°, 36°の三角比

今日は $\sin 18°$, $\cos 36°$ の値を求めていこう。$\sin 60°$ や $\cos 30°$ などの有名角を使った三角比ではないので，多少，準備が必要だよ。

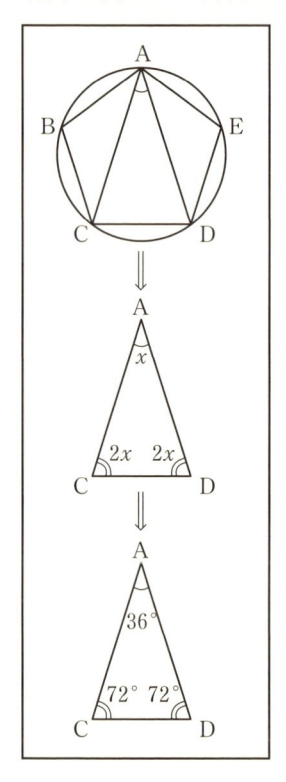

まず，正五角形 ABCDE を考えよう。正五角形が円に内接することを利用して，∠CAD を求めよう。

∠CAD $= x$ とおくと

<u>∠ACD $= 2x$,</u>　　　<u>∠ADC $= 2x$</u>

CDに対する円周角　AD に対する円周角　AC に対する円周角

となるね。

△ABC の内角の和が $180°$ となるので

$$x + 2x + 2x = 180°$$
$$5x = 180°$$
$$x = \frac{180°}{5} = 36°$$

よって

∠CAD $= 36°$

となるね。また

∠ACD $= 2x = 72°$
∠ADC $= 2x = 72°$

となる。

この △ACD を利用して，$\sin 18°$ と $\cos 36°$ の値が求まるよ。

それでは，問題をみてみよう。

単元 ⑪ 発展・18°, 36°の三角比　119

例題　Q

問　頂角が36°の二等辺三角形 ABC がある。∠C の二等分線が AB と交わる点を D とする。
(1) AB＝1 とするとき，BC の長さを求めよ。
(2) $\cos 36°$, $\sin 18°$ の値を求めよ。

荻島の解説

(1) AB＝1 とするとき，BC を求めよう。頂角が36°の二等辺三角形だから

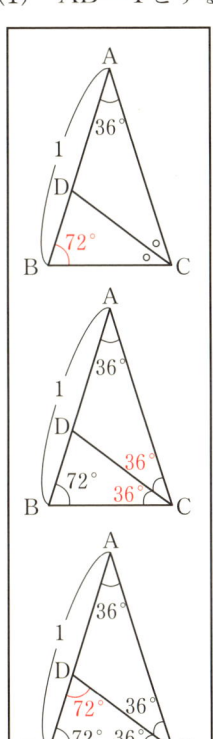

$$\angle B = \angle C = \frac{180° - 36°}{2}$$
$$= \frac{144°}{2} = 72°$$

となるね。
　さらに CD が ∠C を二等分するので

$$\angle BCD = \angle ACD = \frac{72°}{2} = 36°$$

また，外角の定理より

$$\angle BDC = \angle CAD + \angle ACD$$
$$= 36° + 36° = 72°$$

外角の定理

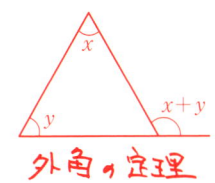

BCを求めたいのでBC＝xとおこう。
△BCDが二等辺三角形だから
　　　CD＝BC＝x
また△ACDも二等辺三角形となるので
　　　AD＝CD＝x
となるね。AB＝1, AD＝xとなるので
　　　BD＝1－x
となるね。

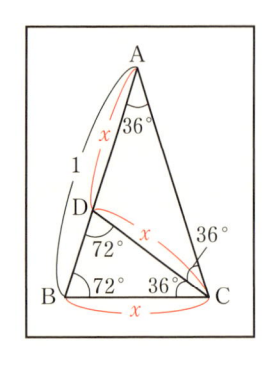

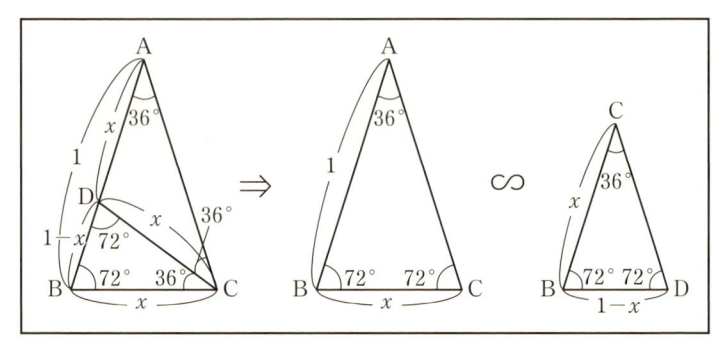

また△ABCと△CBDが相似となるので
　　　AB：CB＝BC：BD
　　　　1：x＝x：1－x
　　　　$x \cdot x = 1 \cdot (1-x)$
　　　　$x^2 = 1-x$
　　　　$x^2 + x - 1 = 0$

$a:b=c:d$
のとき
$bc=ad$

これを解いて
　　　$x^2 + x - 1 = 0$
　　　$x = \dfrac{-1 \pm \sqrt{1+4}}{2} = \dfrac{-1 \pm \sqrt{5}}{2}$

$ax^2+bx+c=0$
のとき
$x = \dfrac{-b \pm \sqrt{b^2-4ac}}{2a}$

ここで$x>0$より

$$x = \frac{-1+\sqrt{5}}{2}$$

∴ $BC = \dfrac{-1+\sqrt{5}}{2}$ ……………… 答

(2) まず $\cos 36°$ を求めよう。

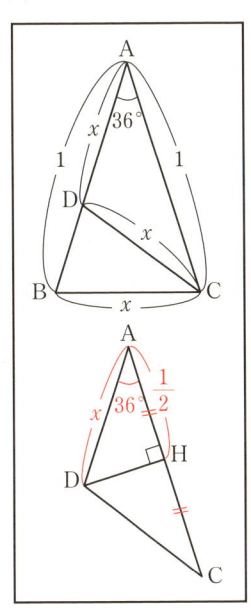

△ACD に着目しよう。

DA = DC の二等辺三角形だから，D から辺 AC へ下ろした垂線の足を H とすると，H は AC の中点となるので

$$AH = \frac{1}{2}$$

となるね。△ADH に注目して，三角比の定義から

$$\cos 36° = \frac{AH}{DA} = \frac{\frac{1}{2}}{x}$$
$$= \frac{1}{2x}$$

$\cos\theta = \dfrac{c}{a}$

(1) より $x = \dfrac{-1+\sqrt{5}}{2}$ となるので

$$\cos 36° = \frac{1}{2x}$$
$$= \frac{1}{-1+\sqrt{5}} \times \frac{-1-\sqrt{5}}{-1-\sqrt{5}}$$

分母の有理化

$$= \frac{-1-\sqrt{5}}{1-5} = \frac{1+\sqrt{5}}{4}$$ ……………… 答

次は $\sin 18°$ を求めよう。

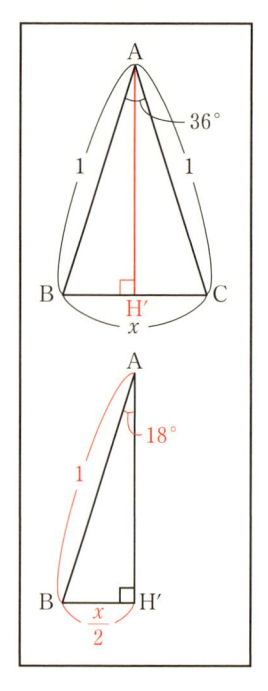

∠A から辺 BC に下ろした垂線の足を H′ とすると，△ABC が二等辺三角形であるので，H′ は辺 BC の中点であり，∠BAH′ = 18° となるね。

△ABH′ に注目して三角比の定義から

$$\sin 18° = \frac{\text{BH}'}{\text{AB}}$$

$$= \frac{\frac{x}{2}}{1} = \frac{x}{2}$$

(1) より $x = \dfrac{-1+\sqrt{5}}{2}$ となるので

$$\sin 18° = \frac{x}{2} = \frac{-1+\sqrt{5}}{4} \quad \text{答}$$

それでは，解答をみてみよう！

単元 ⑪ 発展・18°, 36°の三角比 123

解答 A

(1)

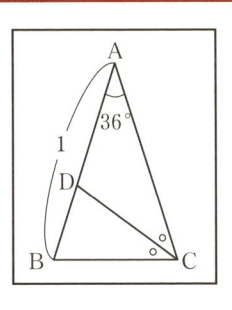

$\angle B = \angle C = \dfrac{180° - 36°}{2} = 72°$

であり

$\angle BCD = \angle ACD = \dfrac{72°}{2} = 36°$

となるので

$\angle BDC = \angle CAD + \angle ACD = 72°$

（外角の定理）

BC $= x$ とおくと CD $=$ AD $= x$ となり，
$\triangle ABC \backsim \triangle CBD$ となるので

AB : CB $=$ BC : BD

$1 : x = x : 1-x$

$x^2 = 1-x$

$x^2 + x - 1 = 0$

$x > 0$ より

$x = \dfrac{-1+\sqrt{5}}{2}$

$\therefore$ BC $= \dfrac{-1+\sqrt{5}}{2}$ ……**答**

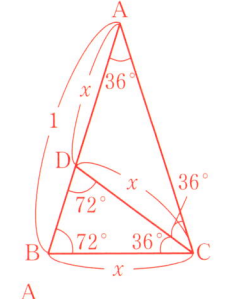

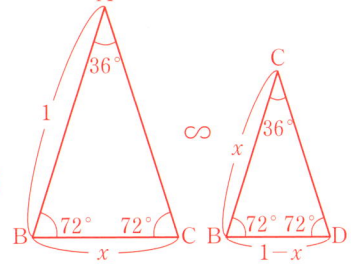

(2) DからACへ垂線DHを引く。

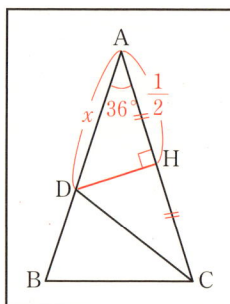

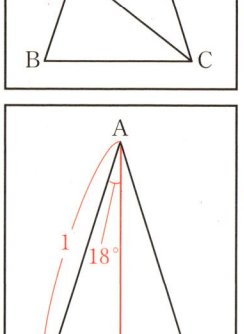

このとき

$$\cos 36° = \frac{\text{AH}}{\text{DA}} = \frac{1}{2x}$$

$$= \frac{1}{-1+\sqrt{5}} \times \frac{-1-\sqrt{5}}{-1-\sqrt{5}}$$

$$= \frac{1+\sqrt{5}}{4} \quad \text{答}$$

AからBCへ垂線AH′を引く。このとき

$$\sin 18° = \frac{\text{BH}'}{\text{AB}} = \frac{x}{2}$$

$$= \frac{-1+\sqrt{5}}{4} \quad \text{答}$$

18°, 36°の三角比 まとめ

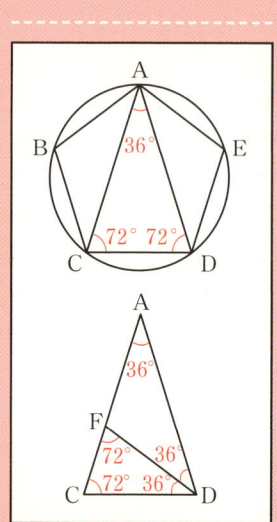

正五角形 ABCDE は円に内接する。△ACD において∠D の二等分線 DF を考える。
　このとき
　　　△ACD ∽ △DCF
を利用して，$\sin 18°$，$\cos 36°$ が求まるよ。

第2部 「図形の性質」

第2部「図形の性質」では「三角形とその性質」「円の性質」を学習し，最終講でセンター試験の過去問に挑戦していきます。各分野とも非常に重要な分野なので，しっかり理解していきましょう。

ガイダンス

1 三角形とその性質
2 円の性質

ガイダンス 1 三角形とその性質

内分と外分

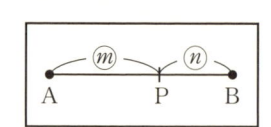

m, n は正の数とする。線分 AB 上に点 P があり
$$AP : PB = m : n$$
が成り立つとき, P は AB を $m : n$ に**内分**するという よ。

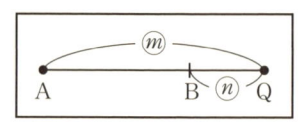

また, 線分 AB の延長線上に点 Q があり
$$AQ : QB = m : n$$
が成り立つとき, Q は AB を $m : n$ に**外分**するというよ。

> **例**
> (1) 線分 AB を $3 : 2$ に内分する点 P は 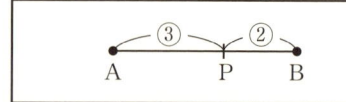
>
> (2) 線分 AB を $3 : 2$ に外分する点 Q は 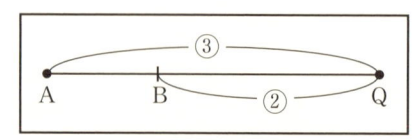
>
> (3) 線分 AB を $2 : 3$ に外分する点 R は

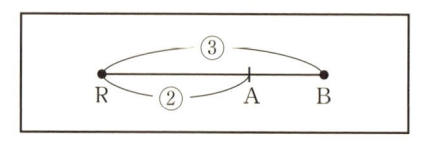

角の二等分線の定理

△ABC の ∠A の二等分線に関して，次の定理が成り立つよ。

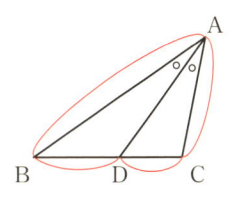

> △ABC の ∠A の二等分線と対辺 BC との交点を D とすると
> $$AB : AC = BD : DC$$
> が成り立つよ。

角の二等分線の定理

例 △ABC において，AB = 7, BC = 5, CA = 4 とする。∠A の二等分線と BC との交点を D とするとき，

$$BD : DC = 7 : 4$$

となるので

$$BD = 5 \times \frac{7}{11} = \frac{35}{11}$$

$$CD = 5 \times \frac{4}{11} = \frac{20}{11}$$

となるよ。

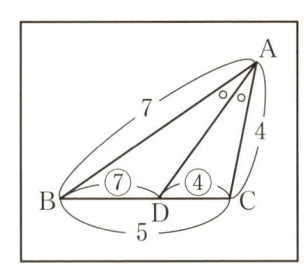

外角の二等分線の定理

△ABC の ∠A の外角の二等分線に関して，次の定理が成り立つよ。

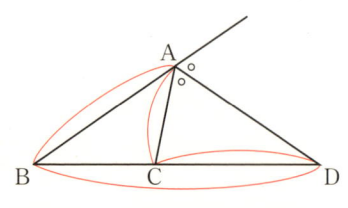

△ABC の ∠A の外角の二等分線と対辺 BC の延長との交点を D とすると
$$AB : AC = BD : CD$$
が成り立つよ。

― 外角の二等分線の定理 ―

例 △ABC において，AB = 7, BC = 5, CA = 4 とする。∠A の外角の二等分線と BC の延長との交点を D とすると
$$BD : CD = 7 : 4$$
となるので
$$CD = 5 \times \frac{4}{3} = \frac{20}{3}$$
となるよ。

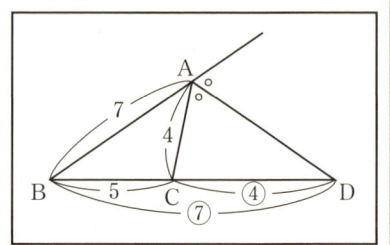

三角形の重心

三角形の頂点とそれに向かい合う辺の中点を結ぶ線分を**中線**というよ。三角形の中線には次のような性質があるよ。

三角形の 3 本の中線は 1 点で交わる。その交点はそれぞれの中線を 2 : 1 に内分する。

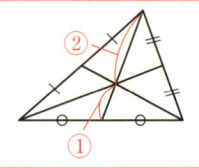

― 三角形の重心 ―

三角形の 3 本の中線の交点を**重心**というよ。

例

右の図で点 G は △ABC の重心で，線分 EF は G を通り BC に平行である。

　　BD = 4, GD = 3 のとき
　　　　BD = DC
であるので DC = 4
　　　　AG : GD = 2 : 1
であるので AG = 6 となるよ。

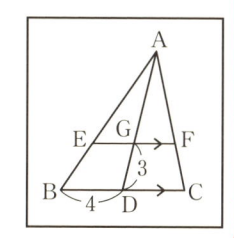

三角形の内心

三角形の内角の二等分線には次のような性質があるよ。

三角形の 3 つの内角の二等分線は 1 点で交わる。

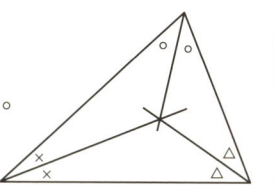

三角形の内心

△ABC において，∠A，∠B，∠C の二等分線の交点を I とし，I から BC, CA, AB に下ろした垂線の足を D, E, F とすると

　　ID = IE = IF

が成り立つので，I を中心とする半径 ID の円は △ABC の 3 辺に接する。この円を △ABC の**内接円**といい，I を**内心**というよ。

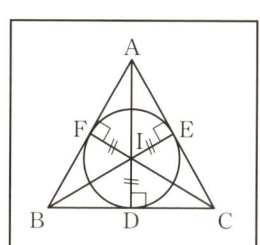

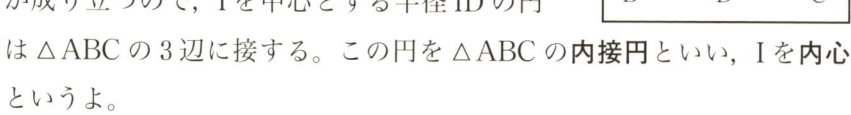

例 △ABC の内心を I とし，∠IAC = 35°，∠ICB = 34°，∠ABI = x とするとき，

$$\angle \text{IAB} = \angle \text{IAC} = 35°$$
$$\angle \text{IBC} = \angle \text{IBA} = x$$
$$\angle \text{ICA} = \angle \text{ICB} = 34°$$

となるので

$$35° \times 2 + x \times 2 + 34° \times 2 = 180°$$

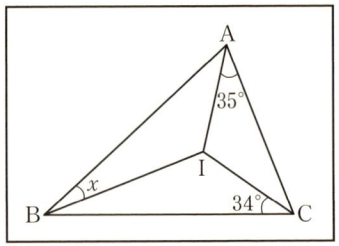

より $x = 21°$ となるよ。

三角形の外心

三角形の辺の垂直二等分線には，次のような性質があるよ。

三角形の3辺の垂直二等分線は1点で交わる

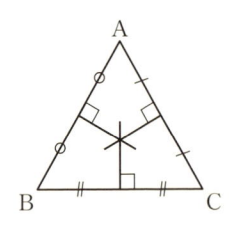

三角形の外心

△ABC において，AB, BC, CA の垂直二等分線の交点を O とすると

$$\text{OA} = \text{OB} = \text{OC}$$

となるので，O を中心とする半径 OA の円は，△ABC の頂点を通る。この円を △ABC の**外接円**といい，点 O を △ABC の**外心**というよ。

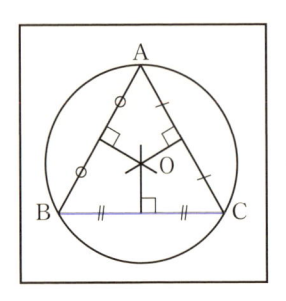

例 △ABC の外心を O とし

$$\angle OBA = 20°, \angle BAC = 70°, \angle OCB = x$$

とするとき

$$\angle OAB = \angle OBA = 20°$$
$$\angle OCA = \angle OAC = 50°$$
$$\angle OBC = \angle OCB = x$$

となるので

$$20° \times 2 + 50° \times 2 + 2x = 180°$$

より $x = 20°$ となるよ。

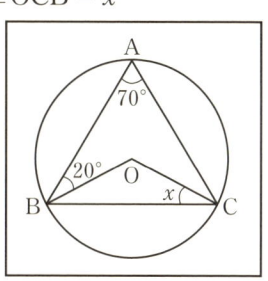

メネラウスの定理

一直線上の 3 点について，次のメネラウスの定理が成り立つよ。

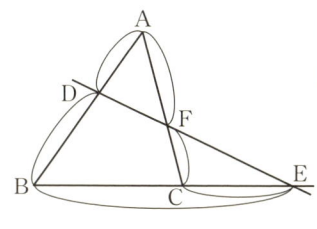

ある直線が △ABC の辺 AB, BC, CA またはその延長とそれぞれ D, E, F で交わるとき

$$\frac{AD}{DB} \cdot \frac{BE}{EC} \cdot \frac{CF}{FA} = 1$$

が成り立つよ。

メネラウスの定理

> **例** 右の図において，AD：DB＝2：3，BC：CE＝4：3のとき，
> $$\frac{2}{3} \cdot \frac{7}{3} \cdot \frac{FC}{AF} = 1$$
> $$\frac{FC}{AF} = \frac{9}{14}$$
> より AF：FC＝14：9となるよ。

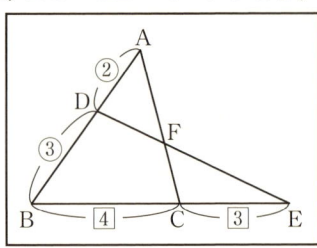

チェバの定理

　三角形の頂点から対辺に引いた3直線について，次の**チェバの定理**が成り立つよ。

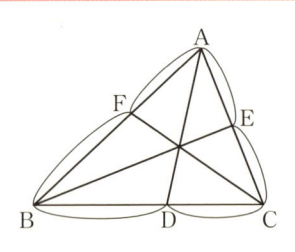

> △ABCの辺BC，CA，AB上にそれぞれD，E，Fがあり，3直線AD，BE，CFが1点で交わるとき
> $$\frac{AF}{FB} \cdot \frac{BD}{DC} \cdot \frac{CE}{EA} = 1$$
> が成り立つよ。

― チェバの定理 ―

> **例** 右の図においてBD：DC＝4：3，AE：EC＝1：1のとき，
> $$\frac{AF}{FB} \cdot \frac{4}{3} \cdot \frac{1}{1} = 1$$
> $$\frac{AF}{FB} = \frac{3}{4}$$
> よってAF：FB＝3：4となるよ。

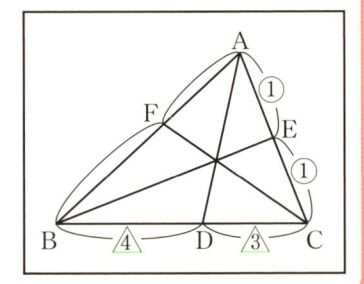

ガイダンス 2 円の性質

円周角の定理

円とその弧について，次の**円周角の定理**が成り立つよ。

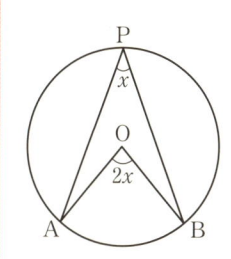

> 1つの弧に対する円周角の大きさは一定であり，その弧に対する中心角の大きさの半分である。

― 円周角の定理 ―

例 右図において∠AOB = 60°とする。ただしOは円の中心とする。このとき

$$\angle APB = 60° \times \frac{1}{2} = 30°$$

$$\angle AQB = \angle APB = 30°$$

となるよ。

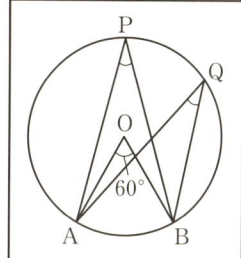

円に内接する四角形

四角形のすべての頂点が1つの円周上にあるとき、この四角形は円に**内接する**というよ。また、この円を四角形の**外接円**というんだ。円に内接する四角形について次のことが成り立つよ。

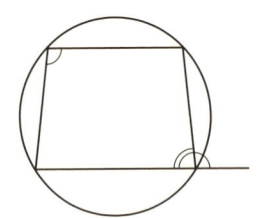

① 1組の対角の和は 180° である。
② 1つの内角は、その対角の外角に等しい。

── 円に内接する四角形 ──

例 右図において ∠BAD = 100° とする。
このとき
$$x = 180° - 100° = 80°$$
$$y = \angle BAD = 100°$$
となるよ。

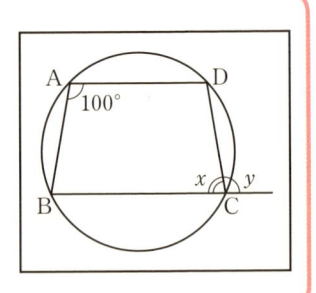

接弦定理

円の接線と接点を通る弦のつくる角について、次のことが成り立つよ。

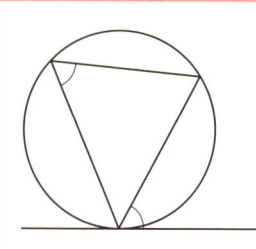

接弦定理

円の接線とその接点を通る弦のつくる角は，その角の内部にある弧に対する円周角に等しい。

例 右図において，∠BAC = 80°，∠CAD = 40° とする。ただし点 A は接点とする。このとき

∠ABC = 40°

となるので

$x = 180° - 80° - 40° = 60°$

となるよ。

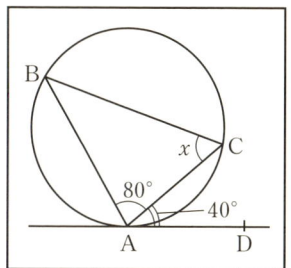

方べきの定理

方べきの定理は3つの形があるよ。

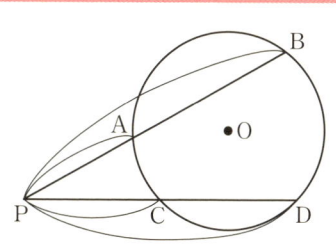

点 P を通る2直線が，円 O とそれぞれ2点 A, B と2点 C, D で交わるとき

PA・PB = PC・PD

が成り立つよ。

方べきの定理①

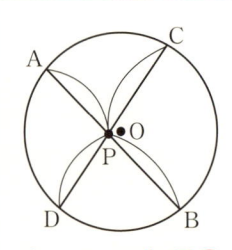

点Pを通る2直線が，円Oとそれぞれ2点A, Bと2点C, Dで交わるとき
$$PA \cdot PB = PC \cdot PD$$
が成り立つよ。

方べきの定理②

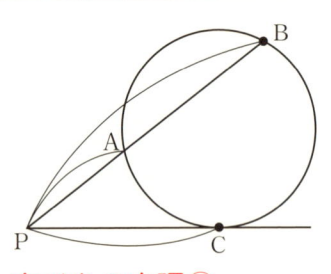

点Pを通る2直線が，円Oと2点A, Bで交わり，点Cで接するとき
$$PA \cdot PB = PC^2$$
が成り立つよ。

方べきの定理③

例 (1) 右の図において
$$3 \cdot 7 = x \cdot 2x$$
が成り立つので
$$x = \sqrt{\frac{21}{2}}$$
となるよ。

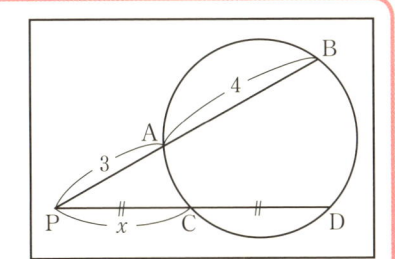

(2) 右の図において
$$5 \cdot 2 = 4 \cdot x$$
が成り立つので
$$x = \frac{5}{2}$$
となるよ。

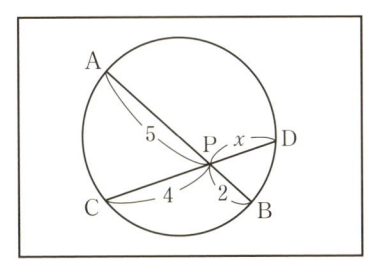

(3) 右の図において
$$3 \cdot 7 = x^2$$
が成り立つので
$$x = \sqrt{21}$$
となるよ。

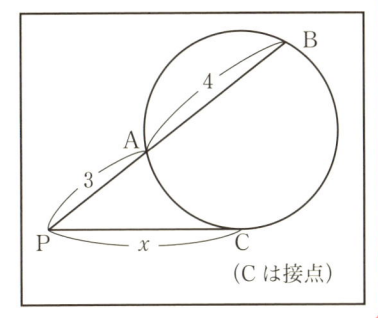

(Cは接点)

2つの円の位置関係

2つの円の半径を r, r' ($r > r'$)，中心間の距離を d とすると次の5つのパターンに分類できるよ。

① 外部にある　　② 外接する　　③ 2点で交わる

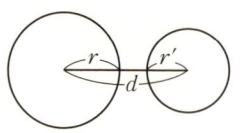

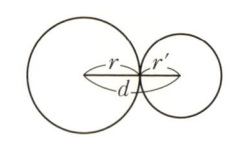

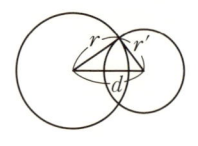

$d > r+r'$　　$d = r+r'$　　$r-r' < d < r+r'$

④ 内接する　　⑤ 一方が他方の内部にある

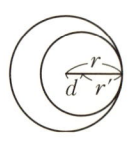

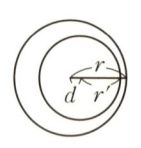

$d = r-r'$　　$d < r-r'$

┗ 2つの円の位置関係

例　2円 O, O′ は中心間の距離が9のとき外接し，3のとき内接する。円 O の半径 r と円 O′ の半径 r' を求めよ。ただし，$r > r'$ とする。

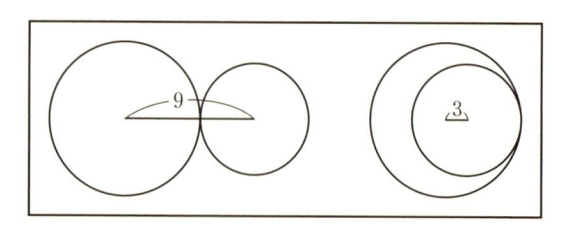

$$\begin{cases} r+r' = 9 \\ r-r' = 3 \end{cases}$$

より $r = 6$, $r' = 3$ となるよ。

第2部 「図形の性質」

第3講
三角形とその性質

- 単元1　角の二等分線の定理
- 単元2　重心
- 単元3　内心
- 単元4　外心
- 単元5　垂心
- 単元6　傍心
- 単元7　メネラウスの定理
- 単元8　チェバの定理

第3講のポイント

第3講「三角形とその性質」では「角の二等分線の定理」「三角形の五心（重心，内心，外心，垂心，傍心）」「メネラウスの定理」「チェバの定理」を扱います。「メネラウスの定理」「チェバの定理」は受験では，ベクトルとの融合問題として良く出題されます。しっかり学習していきましょう。

単元1 角の二等分線の定理

　今日のテーマは角の二等分線の定理だよ。内角の二等分線と外角の二等分線の二種類あるよ。

　まずは内角の二等分線から。

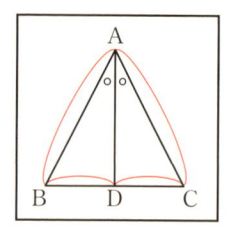

　　　　　　　△ABCの∠Aの二等分線が辺BCと交わる点をDとすると

$$AB : AC = BD : DC$$

　が成り立つよ。

　次は外角の二等分線の定理だよ。

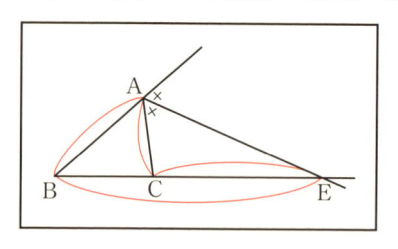

　　　　　　　△ABCの∠Aの外角の二等分線が辺BCの延長と交わる点をEとすると

$$AB : AC = BE : CE$$

　が成り立つよ。

　予備校で教えていると，外角の二等分線の定理は，かなり知らない人が多いよ。内角，外角ともに二等分線の定理をしっかりマスターしてね。

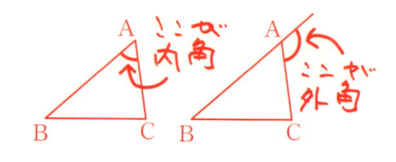

単元 ❶ 角の二等分線の定理   141

例題

問 △ABCにおいて，BC $= a$, AC $= b$, AB $= c$ とする。AD, AEを∠Aおよびその外角の2等分線とし，BCまたはその延長との交点をそれぞれD, Eとする。

ただし，$b < c$ であるものとする。
(1) DCの長さを a, b, c で表せ。
(2) DEの長さを a, b, c で表せ。

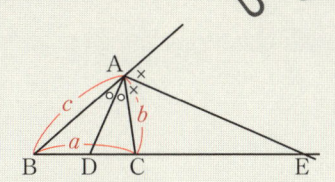

荻島の解説

(1) DCを求めよう。

線分ADは∠Aの二等分線だから
$$BD : DC = AB : AC$$
$$= c : b$$
が成り立つね。よって
$$DC = a \times \frac{b}{c+b}$$
$$= \frac{ab}{b+c} \quad \cdots\cdots \text{答}$$

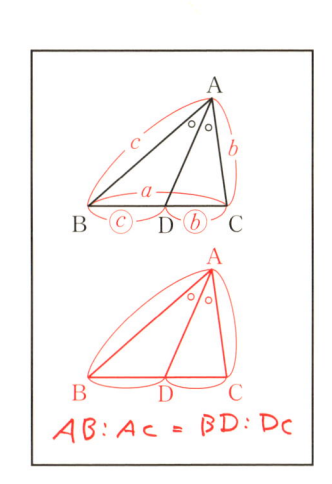

(2) DEを求めよう。

(1)で $DC = \dfrac{ab}{b+c}$ だったね。

これを利用しよう。
$$DE = DC + CE$$

AB : AC = BD : DC

だから，CE が求まれば解決するね。

AE は∠A の外角の二等分線だから，
$$BE : CE = AB : AC$$
$$= c : b$$
が成り立つね。

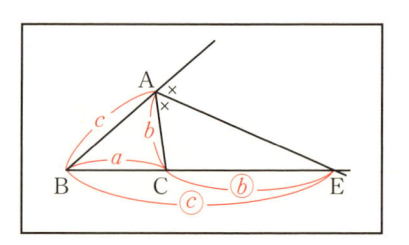

よって
$$CE = \frac{a}{c-b} \times b$$
$$= \frac{ab}{c-b}$$
となるので

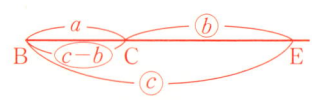

$$DE = DC + CE$$
$$= \frac{ab}{b+c} + \frac{ab}{c-b}$$
$$= \frac{ab(c-b)+ab(b+c)}{(b+c)(c-b)}$$
$$= \frac{ab(c-b+b+c)}{(c+b)(c-b)}$$
$$= \frac{2abc}{c^2-b^2} \quad \text{答}$$

それでは，解答を見てみよう。

解 答

(1) $BD : DC = c : b$ となるので
$$DC = a \times \frac{b}{c+b}$$
$$= \frac{ab}{b+c} \quad \text{答}$$

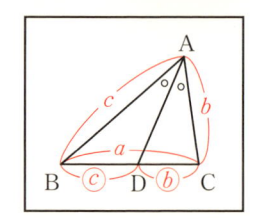

(2) AE は∠A の外角の二等分線より

$$BE:CE=c:b$$

となるので

$$CE=\frac{a}{c-b}\times b$$

①に対する長さ

$$=\frac{ab}{c-b}$$

よって

$$DE=DC+CE$$
$$=\frac{ab}{b+c}+\frac{ab}{c-b}$$
$$=\frac{2abc}{c^2-b^2} \quad \text{答}$$

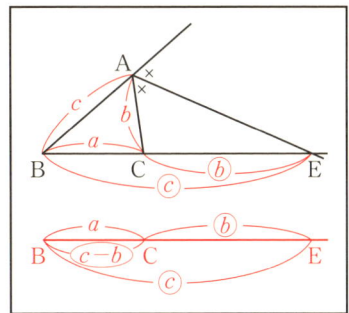

角の二等分線の定理　まとめ

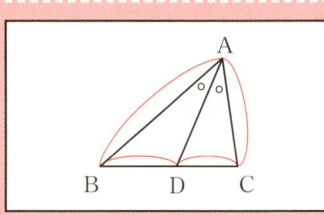

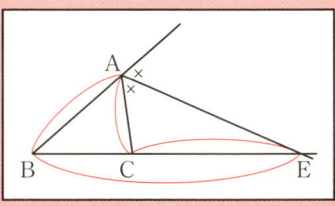

AD が∠A の二等分線のとき
$$AB:AC=BD:DC$$
が成り立つよ。

AE が∠A の外角の二等分のとき
$$AB:AC=BE:CE$$
が成り立つよ。

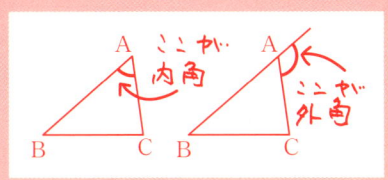

ここが内角
ここが外角

単元2 重心

今日からは5回にわたって三角形の五心（重心，内心，外心，垂心，傍心）を学習していくよ。

今回は重心を扱うよ。

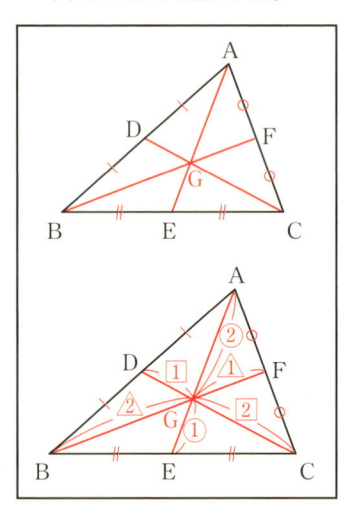

△ABC において，AB，BC，CA の中点を D，E，F とするとき，AE，BF，CD は1点で交わる。この点を**重心**というよ。

このとき

$AG : GE = 2 : 1$

$BG : GF = 2 : 1$

$CG : GD = 2 : 1$

が成り立つよ。

それでは，問題をみてみよう。

単元 ❷ 重心

例題 Q

問 △ABCの重心をG，直線AGと辺BCの交点をD，BGとACの交点をE，△GDCの重心をF，DFとCGの交点をHとする。

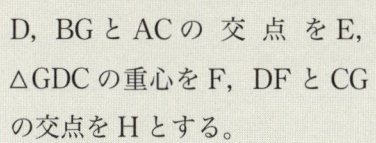

(1) BE＝aとするとき，BGをaを用いて表せ。

(2) BE＝aとするとき，DFをaを用いて表せ。

(3) △ABC：△FDCを求めよ。

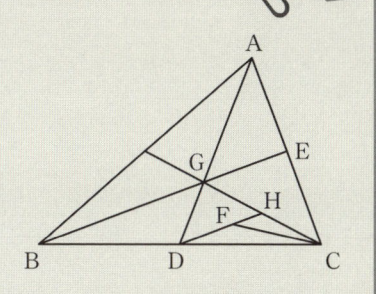

荻島の解説

(1) BGをaを用いて表そう。

Gは△ABCの重心だから
　BG：GE＝2：1
が成り立つね。よって
$$BG = a \times \frac{2}{3} = \frac{2a}{3}$$ ……**答**

(2) DFをaを用いて表そう。

(1)でBG＝$\frac{2a}{3}$と求まったので，この値を利用しよう。

Fは△GDCの重心だから
　HはGCの中点 ……①
となるね。またGは△ABCの重心だ

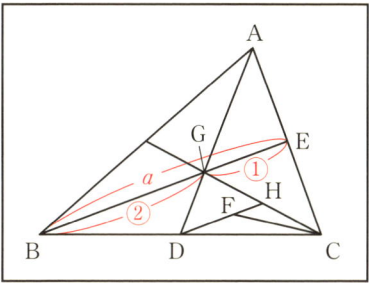

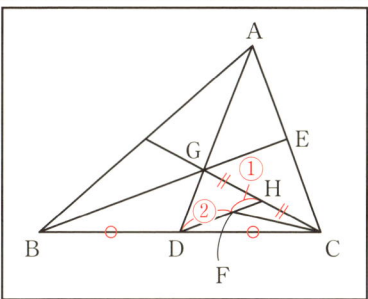

から
$$D は BC の中点 \cdots\cdots ②$$
となるね。①, ②から中点連結定理より
$$DH = \frac{1}{2}BG$$
となり、$BG = \frac{2a}{3}$ を代入して
$$DH = \frac{1}{2} \times \frac{2a}{3} = \frac{a}{3}$$
また、F が △GDC の重心となるので
$$DF : FH = 2 : 1$$
よって
$$DF = \frac{2}{3}DH$$
$$= \frac{2}{3} \cdot \frac{a}{3}$$
$$= \frac{2a}{9} \cdots\cdots 答$$

> AB, AC の中点を D, E とすると
> $DE = \frac{1}{2}BC$
> $DE /\!/ BC$
> **中点連結定理**

(3) △ABC : △FDC を求めよう。

三角形 ABC の面積を 1 として、三角形 FDC の面積を求めていこう。

△ABC = 1 とする。
$$AG : GD = 2 : 1$$
より
$$△GBC = \frac{1}{3}$$
となるね。さらに D が BC の中点より
$$△GDC = △GBC \times \frac{1}{2}$$
$$= \frac{1}{3} \times \frac{1}{2} = \frac{1}{6}$$

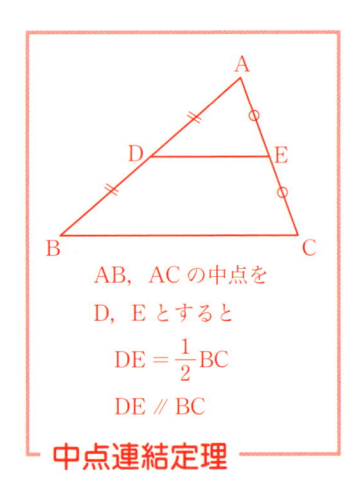

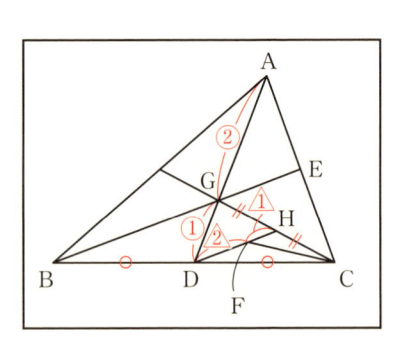

となる。さらにHがGCの中点より

$$\triangle\text{HDC} = \triangle\text{GDC} \times \frac{1}{2}$$

$$= \frac{1}{6} \times \frac{1}{2} = \frac{1}{12}$$

となる。さらにDF：FH＝2：1より

$$\triangle\text{FDC} = \triangle\text{HDC} \times \frac{2}{3}$$

$$= \frac{1}{12} \times \frac{2}{3} = \frac{1}{18}$$

以上より

$$\triangle\text{ABC} : \triangle\text{FDC} = 1 : \frac{1}{18}$$

$$= 18 : 1 \quad \text{答}$$

それでは，解答をみてみよう。

解答

(1) BG：GE＝2：1

より

$$\text{BG} = \frac{2a}{3} \quad \text{答}$$

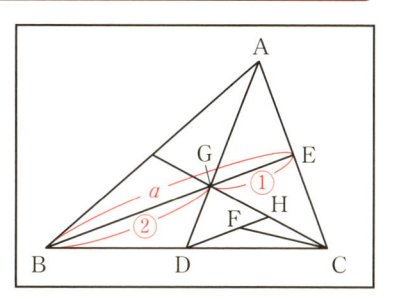

(2) HはGCの中点であり，DはBCの中点となるので，中点連結定理より

$$\text{DH} = \frac{1}{2}\text{BG} = \frac{a}{3}$$

また，DF：FH＝2：1より

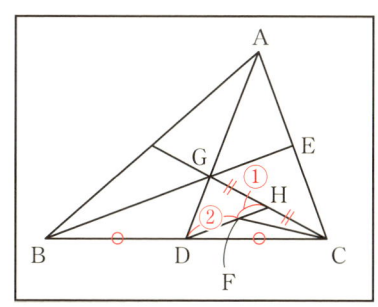

$$DF = \frac{a}{3} \times \frac{2}{3} = \frac{2a}{9}$$ ……………… 答

(3) △ABC = 1 とすると

$$△GBC = \frac{1}{3}$$

$$△GDC = \frac{1}{3} \times \frac{1}{2} = \frac{1}{6}$$

$$△HDC = \frac{1}{6} \times \frac{1}{2} = \frac{1}{12}$$

$$△FDC = \frac{1}{12} \times \frac{2}{3} = \frac{1}{18}$$

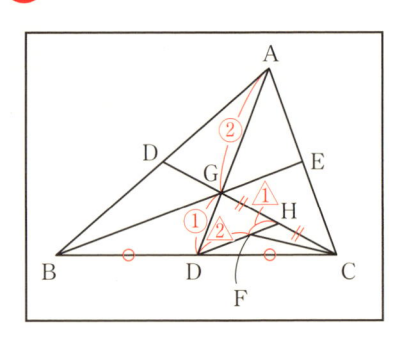

となるので

$$△ABC : △FDC = 1 : \frac{1}{18}$$

$$= 18 : 1$$ ……………… 答

まとめ

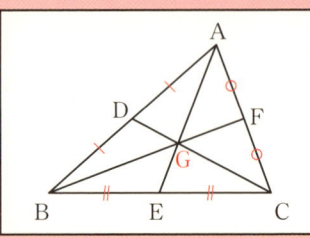

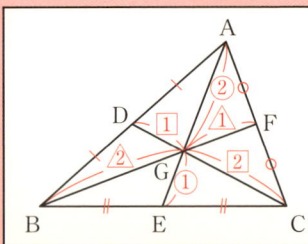

重心

3中線 AE, BF, CD は1点で交わる。この交点を**重心**と呼ぶよ。

(頂点と中点を結ぶ線を中線というよ。)

また G に関して

　　AG : GE = 2 : 1

　　BG : GF = 2 : 1

　　CG : GD = 2 : 1

が成り立つよ。

単元 3 内心

今日は三角形の五心（重心，内心，外心，垂心，傍心）の2回目，内心を扱うよ。

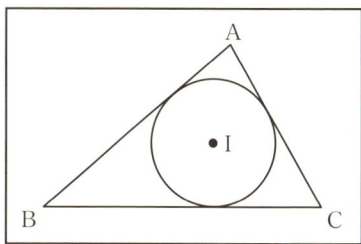

△ABC の内側に接する円を**内接円**といい，内接円の中心を**内心**というよ。

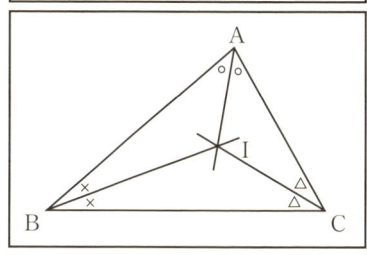

また内心 I は，∠A，∠B，∠C の**二等分線の交点**となるよ。

I が角の二等分線の交点となる理由

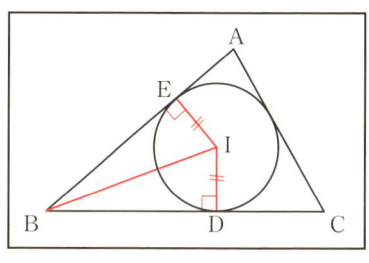

左図のように接点 D, E を考えると，△IBD と △IBE は直角三角形であり，ID = IE（半径）
　　　　　　IB = IB（共通）
より △IBD ≡ △IBE となる。

このとき
　　　　∠IBD = ∠IBE

となり，BI は ∠B の二等分線となるね。同様にして，CI，AI はそれぞれ ∠C，∠A の二等分線となるね。

例題

問 次の図において，長さ x，角の大きさ θ を求めよ。ただし，点 I は △ABC の内心とする。

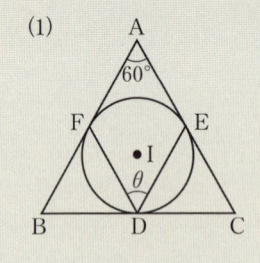

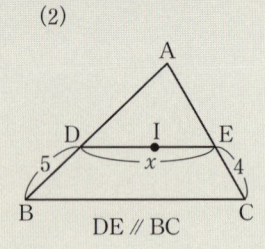

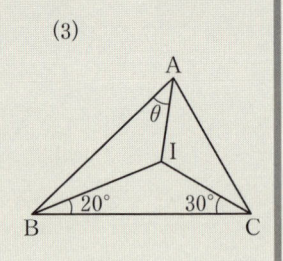

(1)

(2) DE // BC

(3)

荻島の解説

(1) ∠FDE $= \theta$ を求めよう。

ポイントとなるのは補助線の引き方だよ。

I と F を結ぶと IF は AB と直交するね。同様に I と E を結ぶと，IE は AC と直交するね。

ここで四角形 AFIE の内角の和が 360° であるので

$$\angle \text{FIE} = 360° - 90° - 90° - 60°$$
$$= 120°$$

となるね。これでもう θ が求まるね。

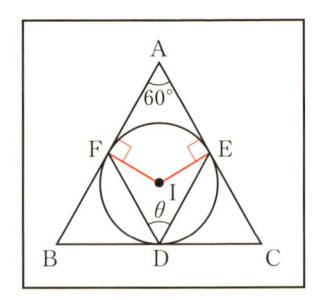

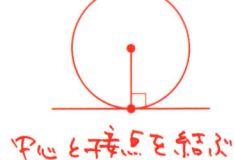

中心と接点を結ぶと接線と直交するよ。

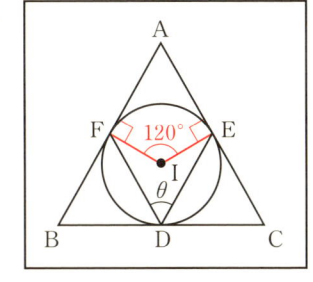

∠FIE は $\overset{\frown}{FE}$ に対する中心角であり，θ は $\overset{\frown}{FE}$ に対する円周角となるので

$\theta = 120° \times \dfrac{1}{2} = 60°$ ………………… 答

円周角 =（中心角）× $\dfrac{1}{2}$

(2) DE ＝ x を求めよう。

　今回も補助線がポイントとなるよ。補助線は経験によって徐々に自分で引けるようになるから，まずは「こう補助線を引くと，うまく解けるんだなぁ」ということを実感してね。そして，もう一度自分で解き直してね！

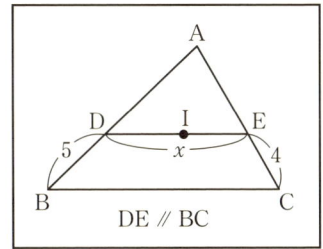

　B と I を結んでみよう。I は内心だから

　　∠DBI ＝ ∠CBI ………… ①

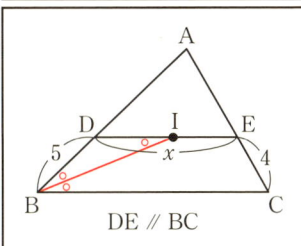

となるね。また DE ∥ BC より

　　∠CBI ＝ ∠DIB ………… ②

となるね。①，②より

　　∠DBI ＝ ∠DIB

となり，△BDI は二等辺三角形となるので

　　DI ＝ DB ＝ 5

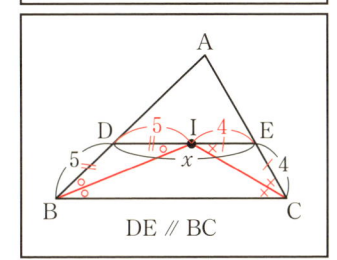

　同様に C と I を結ぶと，I が内心だから

　　∠ECI ＝ ∠BCI ………… ③

となり，DE ∥ BC より

　　∠BCI ＝ ∠EIC ………… ④

となるね。③，④より

∠ECI＝∠EIC

となり△CEIは二等辺三角形となるので

EI＝EC＝4

よって

x＝DI＋EI＝5＋4＝9 ……………… 答

(3) ∠BAI＝θを求めよう。

Iが内心だから

∠IBA＝∠IBC＝20°

∠ICA＝∠ICB＝30°

∠IAC＝∠IAB＝θ

となり，△ABCの内角の和が180°だから

40°＋60°＋2θ＝180°

となるね。これを解いて

100°＋2θ＝180°

2θ＝180°－100°

＝80°

∴ θ＝40° ……………… 答

それでは，解答をみてみよう。

解答 A

(1) ∠IFA＝∠IEA＝90°

となるので

∠FIE＝360°－90°－90°－60°

＝120°

$\overparen{FE}$に対する円周角を考えて

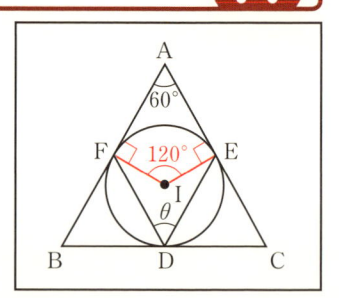

単元 ❸ 内心　153

$$\theta = 120° \times \frac{1}{2} = 60°$$ …… 答

(2) I が内心より

$$\angle DBI = \angle CBI$$

DE // BC より

$$\angle CBI = \angle DIB$$

となるので

$$\angle DBI = \angle DIB$$

このとき

$$DI = DB = 5 \cdots ①$$

同様にして

$$EI = EC = 4 \cdots ②$$

①, ② より

$$x = 5 + 4 = 9$$ …… 答

(3) $\angle IBA = \angle IBC = 20°$

$\angle ICA = \angle ICB = 30°$

$\angle IAC = \angle IAB = \theta$

となるので

$$40° + 60° + 2\theta = 180°$$

$$\therefore \theta = 40°$$ …… 答

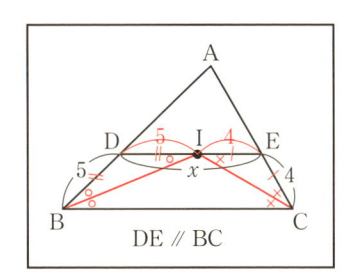

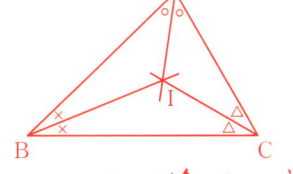

第3講 三角形とその性質

内心は角の二等分線の交点

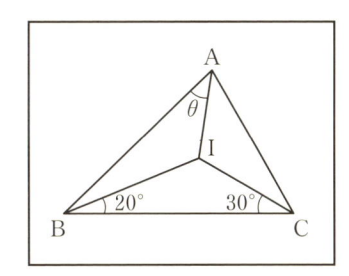

まとめ

内心

△ABC の内接円の中心を**内心**と呼ぶよ。

内心は**角の二等分線の交点**となるよ。

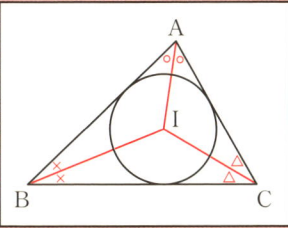

単元 4 外心

今日は三角形の五心（重心，内心，外心，垂心，傍心）の3回目。外心を扱うよ。

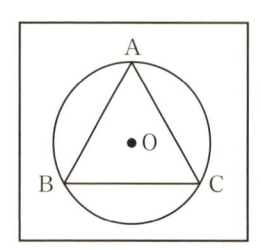

△ABC の外側に接する円を**外接円**といい，外接円の中心を**外心**というよ。

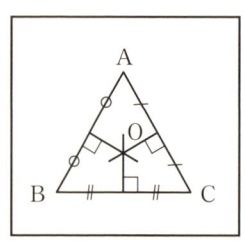

また，外心 O は**線分 AB，線分 BC，線分 CA の垂直二等分線の交点**となるよ。

O が垂直二等分線の交点となる理由

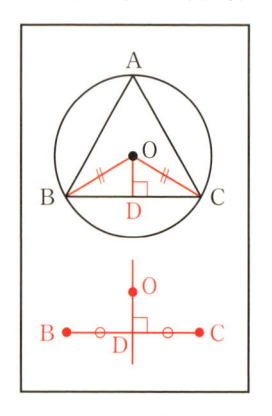

左図のように O から BC へ垂線 OD を引いてみよう。このとき △OBD と △OCD は直角三角形であり，

　　OB = OC （半径）
　　OD = OD （共通）

であり

　　BD = $\sqrt{OB^2 - OD^2}$
　　CD = $\sqrt{OC^2 - OD^2}$

より BD = CD となるね。

このとき O は BC の垂直二等分線上にあるね。同様にして，O は CA，

単元 ❹ 外心　155

AB の垂直二等分線上にあるね。

つまり O は BC, CA, AB の垂直二等分線の交点となるね。

それでは，問題をみてみよう。

例 題　Q

問　右の図において，O は △ABC の外心である。
また，BC の中点を M とするとき OM＝3 である。

(1) ∠OCA の大きさを求めよ。

(2) ∠OCB の大きさを求めよ。

(3) △ABC の外接円の半径を求めよ。

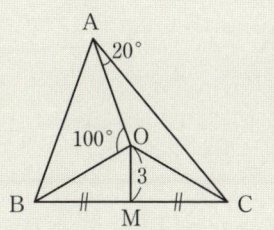

荻島の解説

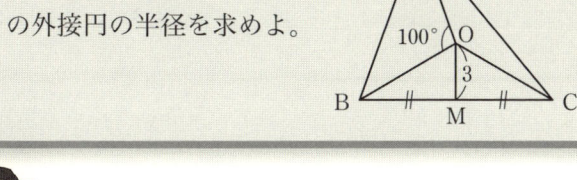

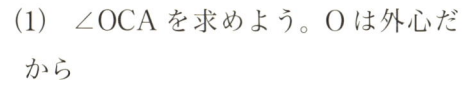

(1) ∠OCA を求めよう。O は外心だから

$$OA = OC \ （半径）$$

となるね。このとき △OAC は二等辺三角形となるので

$$∠OAC = ∠OCA$$

となるね。∠OAC が 20° だから

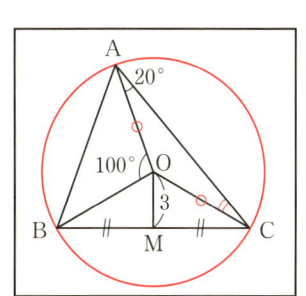

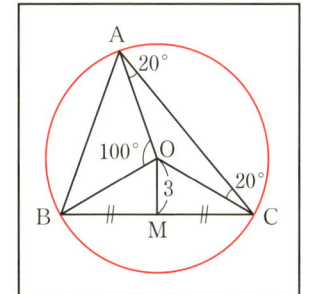

$$∠OCA = 20°　　答$$

(2) ∠OCB を求めよう。

∠AOB＝100° と分かっているね。これを

利用するんだ。∠AOB は $\overset{\frown}{AB}$ に対する中心角だから，$\overset{\frown}{AB}$ に対する円周角を考えて

$$\angle ACB = 100° \times \frac{1}{2} = 50°$$

となるね。よって

$$\begin{aligned}\angle OCB &= \angle ACB - \angle ACO \\ &= 50° - 20° = 30°\end{aligned}$$ 答

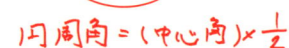

(3) 外接円の半径を求めよう。

O が外心だから，OC の長さが半径と一致するね。これを求めよう。

BC の中点が M であり，**外心は垂直二等分線の交点**となるので

$$\angle OMC = 90°$$

となるね。∠OCM = 30° であったので

$$OM : OC = 1 : 2$$

となるね。よって

$$OC = 3 \times 2 = 6$$ 答

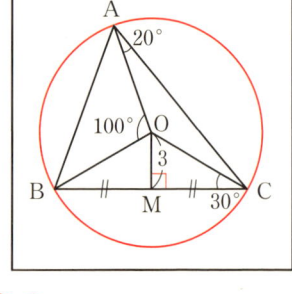

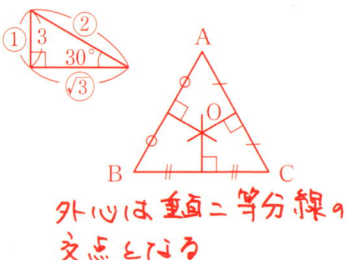

それでは解答をみてみよう！

解答 A

(1) OA = OC となり，△OAC が二等辺三角形となるので

$$\angle OCA = \angle OAC = 20°$$ 答

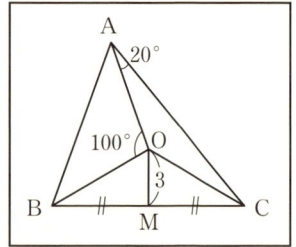

(2) $\angle AOB$, $\angle ACB$ は $\overset{\frown}{AB}$ に対する中心角, 円周角となるので

$$\angle ACB = 100° \times \frac{1}{2} = 50°$$

$$\angle OCB = 50° - 20° = 30°\ \cdots\cdots\ 答$$

(3) M が BC の中点であり, O が外心であるから

O は BC の垂直二等分線上にある

$$\angle OMC = 90°$$

となる。このとき

$$OC : OM = 2 : 1$$

となるので

$$OC = 3 \times 2 = 6\ \cdots\cdots\ 答$$

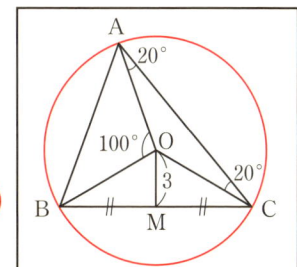

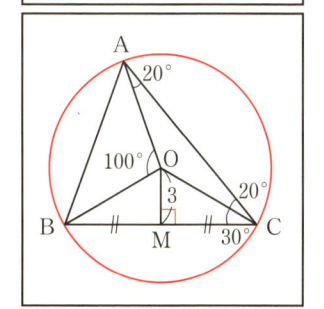

まとめ

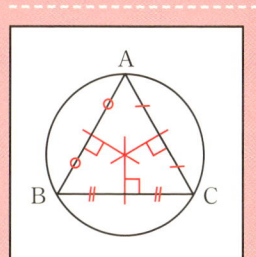

外心

△ABC の外接円の中心を **外心** と呼ぶよ。

また, 外心は **AB, BC, CA の垂直二等分線の交点** となるよ。

単元 5 垂心

今日は三角形の五心（重心，内心，外心，垂心，傍心）の4回目。垂心を扱うよ。

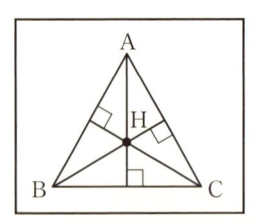

△ABC の各頂点から対辺へ垂線を下ろしたとき，1点で交わる。この交点を**垂心**というよ。

それでは，問題をみてみよう

例題 Q

問 鋭角三角形 ABC の外心を O，垂心を H とし，O から辺 BC に下ろした垂線を OM とする。また，△ABC の外接円の周上に D をとり，線分 CD が円の直径になるようにする。

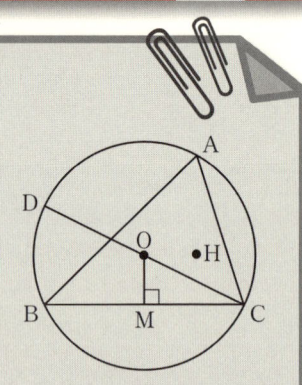

(1) DB：OM を求めよ。
(2) 四角形 ADBH は平行四辺形であることを証明せよ。
(3) AH：OM を求めよ。

荻島の解説

(1) DB：OM を求めよう。

OM⊥BC であり O は外心だから

BM＝CM

外心は垂直二等分線の交点

つまり M は BC の中点となるね。

また，O は CD の中点となるので，中点連結定理より

DB：OM＝2：1 　答

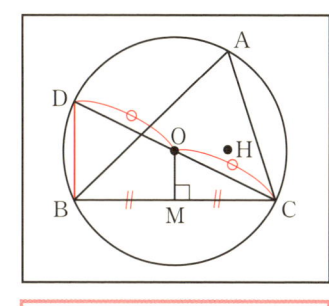

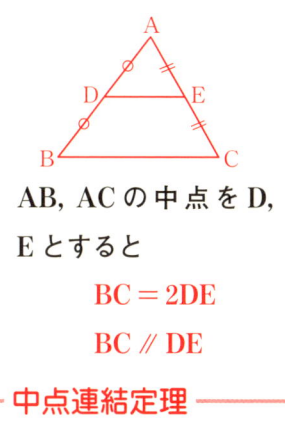

(2) 四角形 ADBH が平行四辺形となることを示そう。

DB∥AH と AD∥HB

を示せば OK だね。

H は垂心だから

AH⊥BC ……… ①

となるね。DC が直径だから

DB⊥BC ……… ②

となるね。①，②より

AH∥DB ……… ③

となるね。

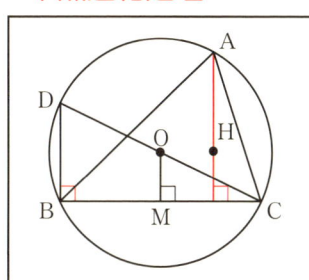

AB，AC の中点を D，E とすると

BC＝2DE

BC∥DE

中点連結定理

直径に対する円周角は 90°

また，Hが垂心だから
　　　BH⊥AC ……… ④
DCが直径だから
　　　DA⊥AC ……… ⑤
となるね。④，⑤より
　　　BH∥DA ……… ⑤
③，⑤より四角形ADBHが平行四辺形となるね。

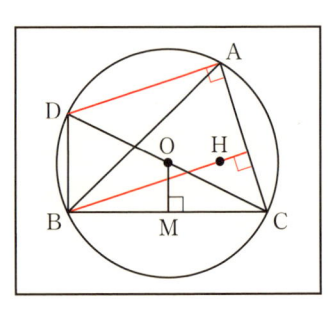

(3)　AH：OMを求めよう。

(1)と(2)の結果を利用すればうまく解決するよ。

(1)より
　　　DB：OM＝2：1 ……… ①
となったね。

(2)で四角形ADBHが平行四辺形であることが分かったね。このとき
　　　AH＝DB ……… ②
となるでしょう。

①，②より
　　　AH：OM＝2：1 …………………… 答

それでは，解答をみてみよう。

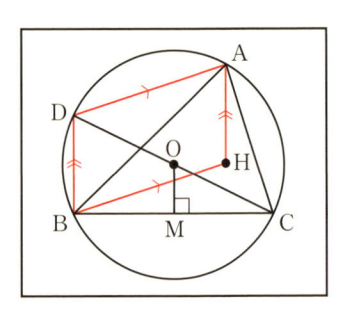

解答

(1) O, M は CD, CB の中点となるので，中点連結定理より

$DB : OM = 2 : 1$ …………… 答

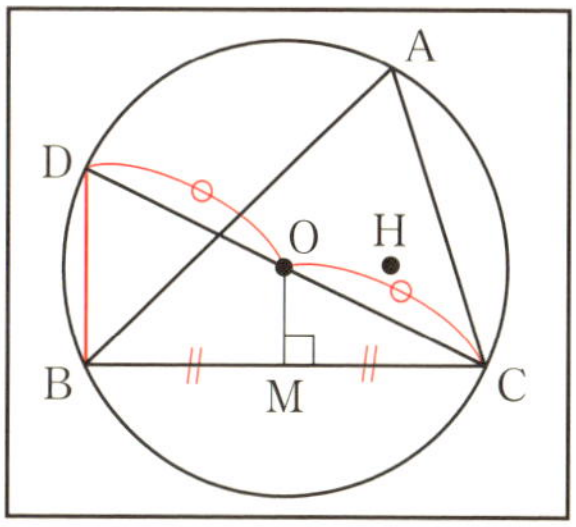

(2) H が垂心より AH ⊥ BC
CD が直径より DB ⊥ BC
となるので

AH ∥ DB …………①

H が垂心より BH ⊥ AC
CD が直径より DA ⊥ AC
となるので

BH ∥ DA …………②

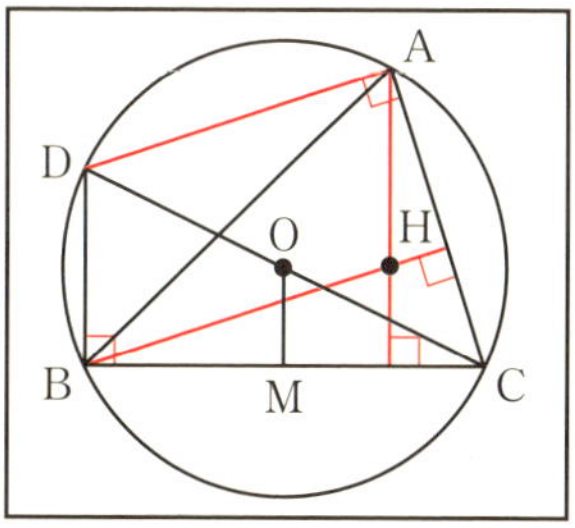

①，②より四角形 ADBH は平行四辺形となる。q.e.d（証明終わり）

(3) (1) より

$DB : OM = 2 : 1$ …………①

(2) より四角形 ADBM が平行四辺形と分かったので

AH = DB …………②

①，②より

$AH : OM = 2 : 1$ …………… 答

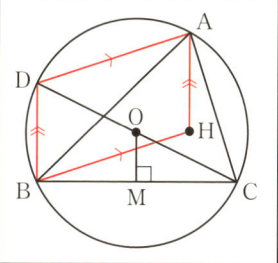

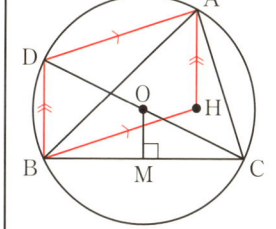

垂心

まとめ

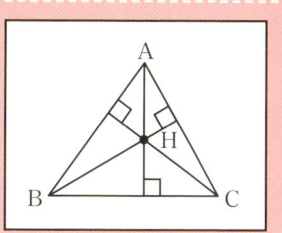

△ABC の各頂点から対辺へ垂線を下ろしたとき，1 点で交わる。この交点を**垂心**というよ。

単元 6 傍心

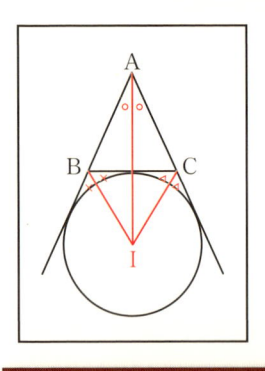

今日は三角形の五心（重心，内心，外心，垂心，傍心）の最終回。傍心を扱うよ。

三角形の2つの頂点における外角の二等分線と，他の頂点における内角の二等分線は1点で交わる。この交点を**傍心**というよ。

それでは，問題をみてみよう。

例題 Q

問 AB＝ACである二等辺三角形ABCの内心をIとし，内接円Iと辺BCの接点をDとする。辺BAの延長と点Eで，辺BCの延長と点Fでそれぞれ接し，辺ACにも接する円の中心（傍心）をGとする。

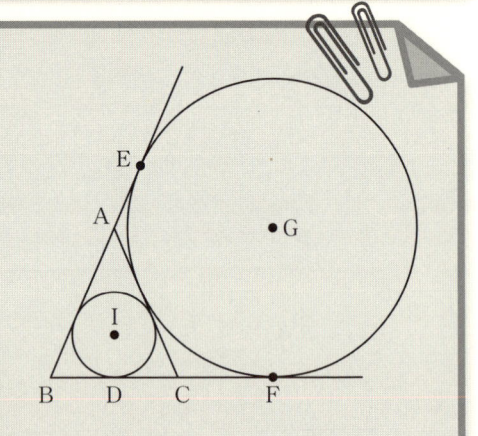

(1) AG∥BF を証明せよ。

(2) AD＝GF を証明せよ。

(3) AB＝5，BD＝2のとき，AI, IG を求めよ。

荻島の解説

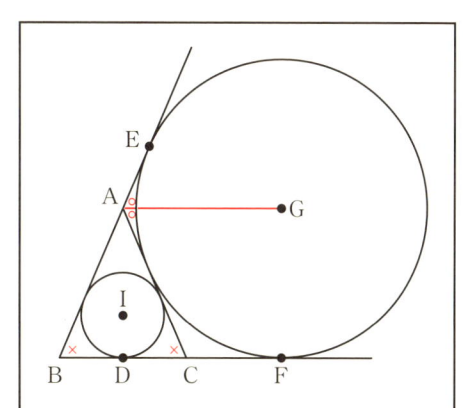

(1) AG ∥ BF を示そう。

$$\angle GAC = \angle ACB$$

が示せれば，錯角が等しいので AG ∥ BF が示せるね。

△ABC が AB = AC の二等辺三角形より

$$\angle ABC = \angle ACB \quad \cdots\cdots ①$$

また，G が傍心より

$$\angle EAG = \angle GAC \quad \cdots\cdots ②$$

となるね。

さらに△ABC において，外角の定理より

$$\angle ABC + \angle ACB = \angle EAC$$
$$\therefore \angle ABC + \angle ACB = \angle EAG + \angle GAC \cdots ③$$

①，②，③より

$$\angle ACB + \angle ACB = \angle GAC + \angle GAC$$
$$2\angle ACB = 2\angle GAC$$
$$\angle ACB = \angle GAC$$

となるので，AG ∥ BF となるね。

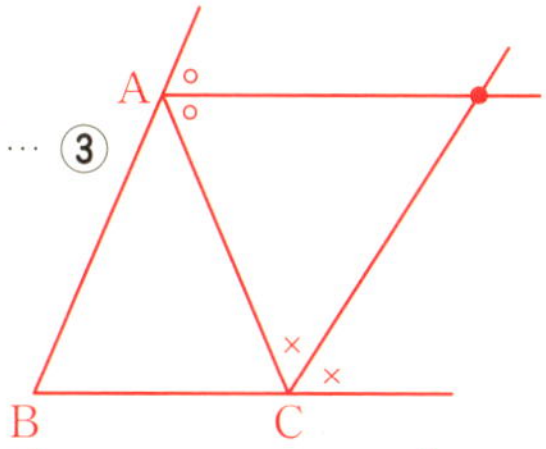

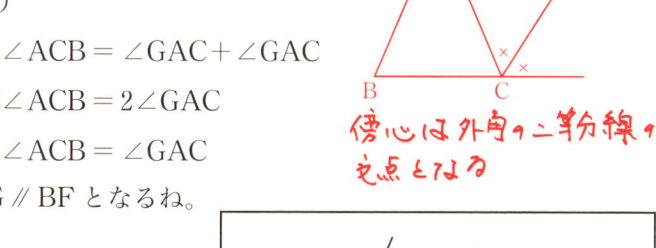

傍心は外角の二等分線の交点となる

(2) AD = GF を示そう。

△ABC は AB = AC の二等辺三角形だから

$$AD \perp BF \quad \cdots\cdots ①$$

となるね。

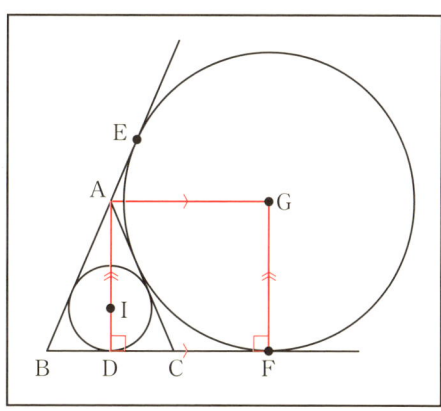

またFが接点だから

$$GF \perp BF \cdots\cdots ②$$

となるね。

①, ②より

$$AD /\!/ GF$$

となるでしょう。

また (1) より, $AG /\!/ DF$ となるので四角形 ADFG は平行四辺形となるね。

このとき $AD = GF$ となるね。

また $\angle ADF = \angle GFD = 90°$ だから, 四角形 ADFG は長方形になるよ。

(3) $AB = 5$, $BD = 2$ のとき, AI, IG を求めよう。

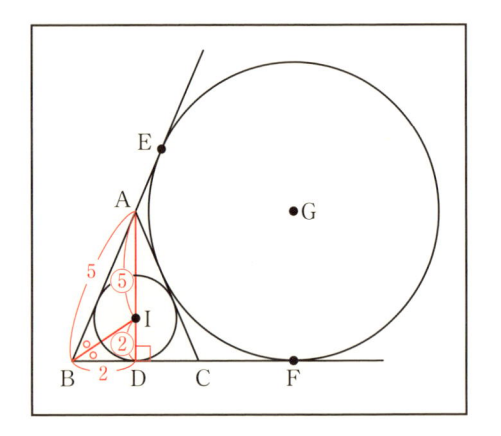

まずは AI を求めよう。

I が △ABC の内心より

$$\angle ABI = \angle DBI$$

となるね。このとき

角の二等分線の定理より

$$AI : ID = 5 : 2$$

$AB = 5$, $BD = 2$ となるので

$$\begin{aligned}AD &= \sqrt{AB^2 - BD^2} \\ &= \sqrt{5^2 - 2^2} \\ &= \sqrt{25 - 4} \\ &= \sqrt{21}\end{aligned}$$

となるので

$$AI = \sqrt{21} \times \frac{5}{7} = \frac{5\sqrt{21}}{7} \cdots\cdots \text{答}$$

次は IG を求めよう。

　　AG ∥ BF より

　　　∠AGB ＝ ∠IBD ………… ①

また I が △ABC の内心より

　　　∠IBD ＝ ∠ABI ………… ②

となるね。

　①，②より

　　　∠AGB ＝ ∠ABI

このとき △ABG が二等辺三角形となるので

　　　AB ＝ AG

このとき AG ＝ 5 となるね。

　また ∠IAG ＝ 90° と AI ＝ $\dfrac{5\sqrt{21}}{7}$ を利用して

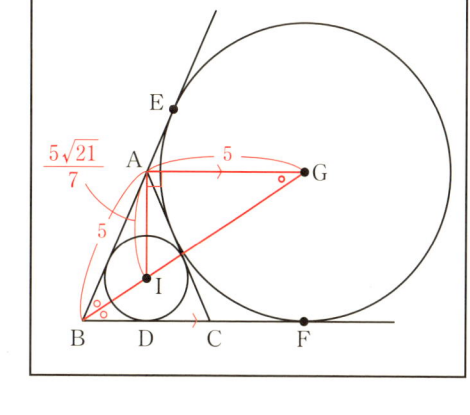

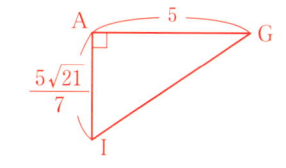

　　IG² ＝ 5² ＋ $\left(\dfrac{5\sqrt{21}}{7}\right)^2$

　　　　＝ 25 ＋ $\dfrac{525}{49}$

　　　　＝ $\dfrac{1225＋525}{49}$

　　　　＝ $\dfrac{1750}{49}$

　∴ IG ＝ $\sqrt{\dfrac{1750}{49}}$ ＝ $\dfrac{5\sqrt{70}}{7}$ ……………… **答**

それでは，解答をみてみよう。

解答

(1) AB = AC より

$$\angle ABC = \angle ACB \quad \cdots\cdots ①$$

G が傍心より

$$\angle EAG = \angle GAC \quad \cdots\cdots ②$$

外角の定理より

$$\angle ABC + \angle ACB = \angle EAC \quad \cdots\cdots ③$$

①, ②, ③より

$$2\angle ACB = 2\angle GAC$$
$$\therefore \angle ACB = \angle GAC$$

より AG ∥ BF となる。 q.e.d （証明終わり）

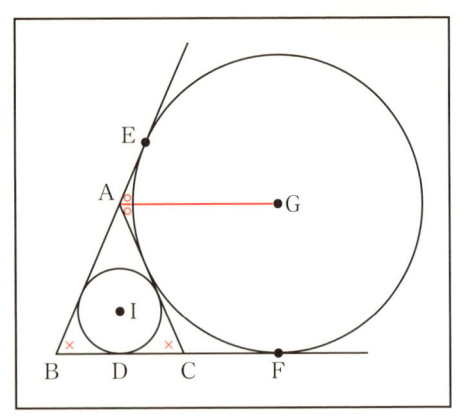

(2) △ABC は AB = BC の二等辺三角形より, A, I, D は一直線上にある。

また D, F は接点であるので

$$AD \perp BF, \quad GF \perp BF$$

となるので

$$AD \parallel GF$$

また (1) より, AG ∥ DF がいえるので, 四角形 ADFG は平行四辺形となるので, AD = GF　　q.e.d（証明終わり）

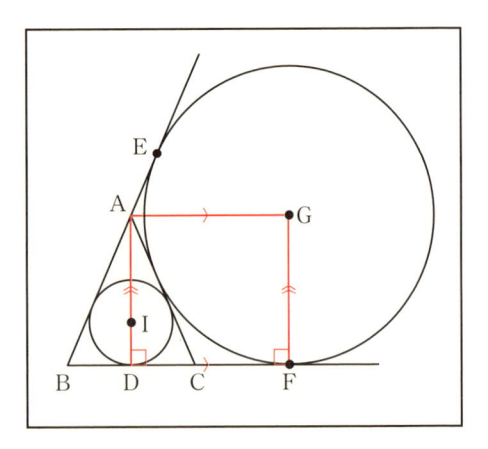

(3)　I が △ABC の内心より

$$\angle ABI = \angle DBI$$

となるので

$$AI : ID = 5 : 2$$
$$AD = \sqrt{5^2 - 2^2} = \sqrt{21}$$

より

$$AI = \frac{5\sqrt{21}}{7} \quad \text{答}$$

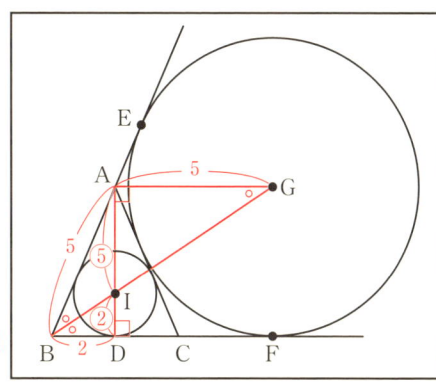

AG ∥ BF，I が △ABC の内心より ∠ABG ＝ ∠AGB

このとき

$$AG = AB = 5$$

また ∠DAG ＝ 90° となるので

$$IG = \sqrt{5^2 + \left(\frac{5\sqrt{21}}{7}\right)^2}$$
$$= \sqrt{\frac{1750}{49}}$$
$$= \frac{5\sqrt{70}}{7} \quad \text{答}$$

傍心　　まとめ

三角形の2つの頂点における外角の二等分線と，他の頂点における内角の二等分線は1点で交わる。この交点を**傍心**というよ。

1つの三角形に傍心は3つあるよ。

単元7 メネラウスの定理

今日はメネラウスの定理をマスターしよう。

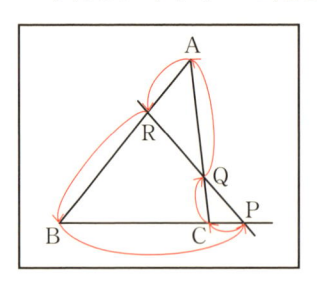

△ABC の頂点を通らない直線が △ABC の辺 BC, CA, AB またはその延長と交わる点をそれぞれ P, Q, R とすると

$$\frac{AR}{RB} \cdot \frac{BP}{PC} \cdot \frac{CQ}{QA} = 1$$

が成り立つよ。

それでは，問題をみてみよう。

例題

問 三角形 ABC の辺 AB を 3:7 に内分する点を R, 辺 AC を 5:2 に内分する点を Q とする。直線 RQ と BC の交点を P とするとき,
(1) BP : PC を求めよ。
(2) △ABC : △CPQ を求めよ。

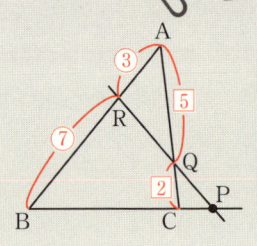

荻島の解説

(1) BP：PC を求めよう。

メネラウスの定理より

$$\frac{AR}{RB} \cdot \frac{BP}{PC} \cdot \frac{CQ}{QA} = 1$$

が成り立つので

$$\frac{3}{7} \cdot \frac{BP}{PC} \cdot \frac{2}{5} = 1$$

$$\frac{6}{35} \cdot \frac{BP}{PC} = 1$$

$$\frac{BP}{PC} = \frac{35}{6}$$

となるので

BP：PC = 35：6 ……答

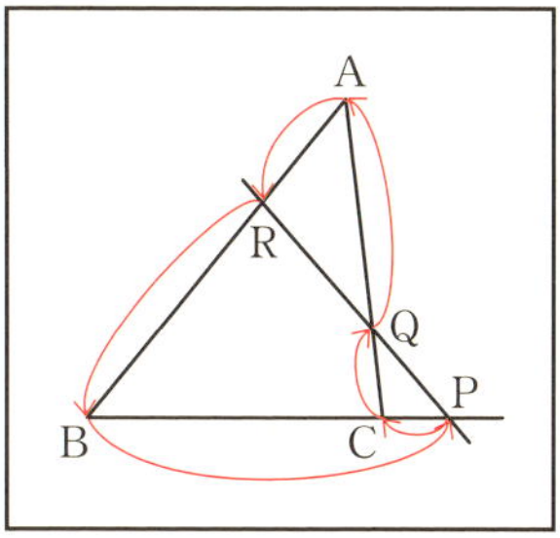

(2) △ABC：△CPQ を求めよう。

(1) より

BP：PC = 35：6

となったので

BC：CP = 35 − 6：6

∴ BC：CP = 29：6

となるね。

今回求めたいのは △ABC と △CPQ の比の値だね。この種の問題では △ABC の面積を 1 としたとき，△CPQ の面積を求めることによってうまく解決するよ。

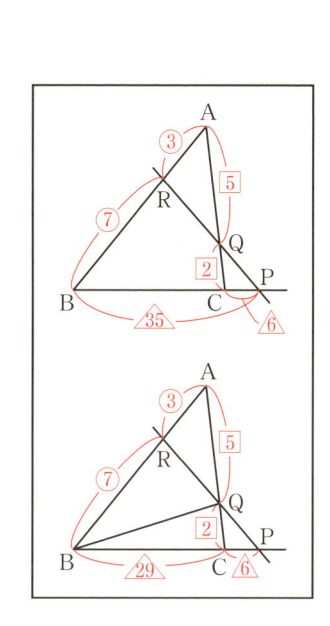

まず △QBC を考えよう。

三角形 ABC と三角形 QBC は BC を共有しているね。これを底辺とす

ると面積比は高さの比となるね。

よって 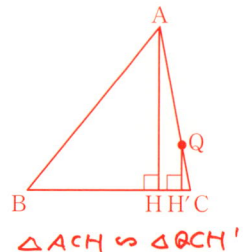
$$\triangle ABC : \triangle QBC = AC : QC$$
$$= 7 : 2$$
となる。

このとき $\triangle ABC = 1$ とすると $\triangle QBC = \dfrac{2}{7}$
となるね。また，三角形QBCと三角形CPQは底辺をそれぞれBC，CPとすると，高さが共通となるので，面積の比はBC : CPとなるので 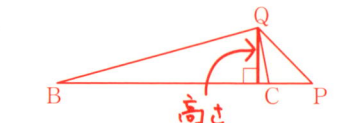
$$\triangle QBC : \triangle CPQ = BC : CP$$
$$= 29 : 6$$
$$= 1 : \dfrac{6}{29}$$

となるので
$$\triangle CPQ = \triangle QBC \times \dfrac{6}{29}$$
$$= \dfrac{2}{7} \times \dfrac{6}{29}$$
$$= \dfrac{12}{203}$$

よって
$$\triangle ABC : \triangle CPQ = 1 : \dfrac{12}{203}$$
$$= 203 : 12 \quad \cdots\cdots\text{答}$$

それでは，解答をみてみよう。

単元 ❼ メネラウスの定理　171

解答　A

(1) メネラウスの定理より

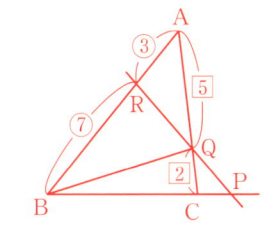

$$\frac{3}{7} \cdot \frac{BP}{PC} \cdot \frac{2}{5} = 1$$

$$\frac{BP}{PC} = \frac{35}{6}$$

∴ $BP : PC = 35 : 6$ ……答

(2) $\triangle ABC = 1$ とすると

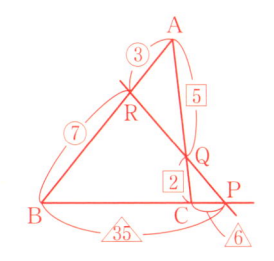

$\triangle QBC = \dfrac{2}{7}$ となるので

$$\triangle CPQ = \frac{2}{7} \times \frac{6}{29} = \frac{12}{203}$$

よって

$$\triangle ABC : \triangle CPQ = 1 : \frac{12}{203}$$

$$= 203 : 12 \quad \text{……答}$$

メネラウスの定理　まとめ

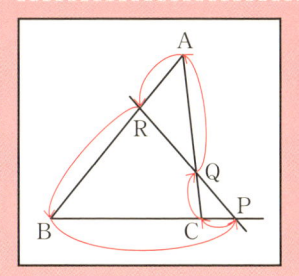

左図において

$$\frac{AR}{RB} \cdot \frac{BP}{PC} \cdot \frac{CQ}{QA} = 1$$

が成り立つよ。

単元 8 チェバの定理

今日はチェバの定理をマスターしよう。

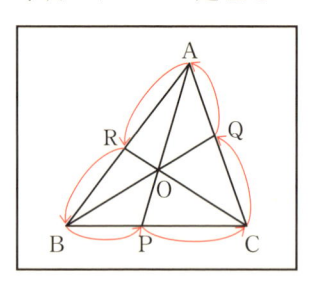

△ABC の辺またはその延長上にない点を O とする。直線 OA, OB, OC が辺 BC, CA, AB と交わる点をそれぞれ P, Q, R とすると

$$\frac{AR}{RB} \cdot \frac{BP}{PC} \cdot \frac{CQ}{QA} = 1$$

が成り立つよ。

それでは，問題をみてみよう。

例題

問 三角形 ABC の辺 AB を 5：4 に内分する点を P，辺 AC を 3：4 に内分する点を Q とし，2 直線 BQ，PC の交点を O とする。直線 AO と BC との交点を R とするとき，BR：RC，AO：OR を求めよ。

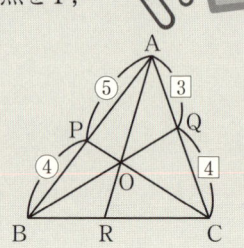

荻島の解説

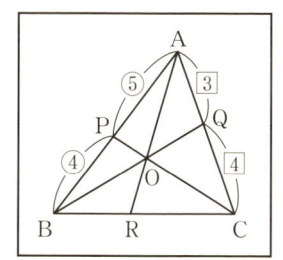

チェバの定理より

$$\frac{AP}{PB} \cdot \frac{BR}{RC} \cdot \frac{CQ}{QA} = 1$$

が成り立つよ。

$$\frac{5}{4} \cdot \frac{BR}{RC} \cdot \frac{4}{3} = 1$$

$$\frac{5}{3} \cdot \frac{BR}{RC} = 1$$

$$\frac{BR}{RC} = \frac{3}{5}$$

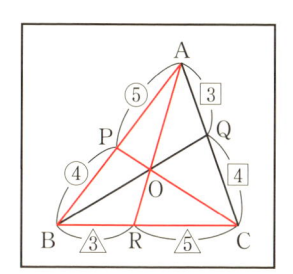

∴ BR : RC = 3 : 5 …… **答**

AO : OR はメネラウスの定理で求まるよ。

メネラウスの定理より

$$\frac{AP}{PB} \cdot \frac{BC}{CR} \cdot \frac{RO}{OA} = 1$$

が成り立つよ。

$$\frac{5}{4} \cdot \frac{8}{5} \cdot \frac{RO}{OA} = 1$$

$$2 \cdot \frac{RO}{OA} = 1$$

$$\frac{RO}{OA} = \frac{1}{2}$$

∴ AO : OR = 2 : 1 …… **答**

それでは,解答をみてみよう。

解答 A

チェバの定理より

$$\frac{5}{4} \cdot \frac{\mathrm{BR}}{\mathrm{RC}} \cdot \frac{4}{3} = 1$$

$$\frac{\mathrm{BR}}{\mathrm{RC}} = \frac{3}{5}$$

∴ BR : RC = 3 : 5 ……… 答

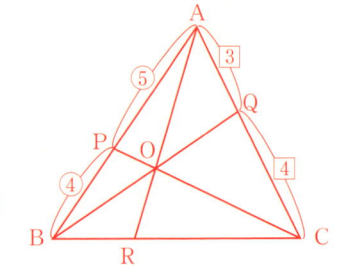

メネラウスの定理より

$$\frac{5}{4} \cdot \frac{8}{5} \cdot \frac{\mathrm{OR}}{\mathrm{AO}} = 1$$

$$\frac{\mathrm{OR}}{\mathrm{AO}} = \frac{1}{2}$$

∴ AO : OR = 2 : 1 ……… 答

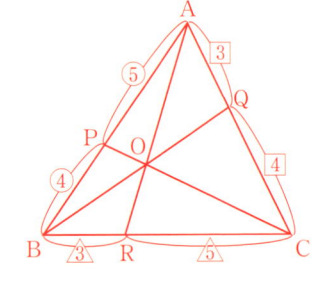

チェバの定理 まとめ

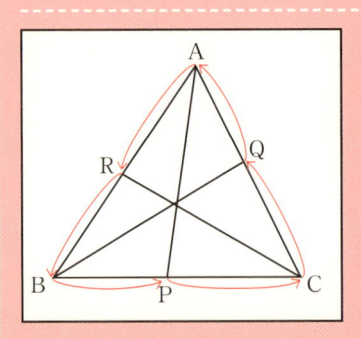

左図において

$$\frac{\mathrm{AR}}{\mathrm{RB}} \cdot \frac{\mathrm{BP}}{\mathrm{PC}} \cdot \frac{\mathrm{CQ}}{\mathrm{QA}} = 1$$

が成り立つよ。

第2部 「図形の性質」

第4講
円の性質

- **単元1** 円に内接する四角形
- **単元2** 接弦定理
- **単元3** 方べきの定理
- **単元4** 共通接線の長さ

第4講のポイント

第4講「円の性質」では「円に内接する四角形」「接弦定理」「方べきの定理」「共通接線の長さ」を学習します。受験生を教えていると，特に「方べきの定理」が苦手な受験生が多いような気がします。しっかりマスターしていきましょう。

単元1 円に内接する四角形

今日のテーマは円に内接する四角形だよ。

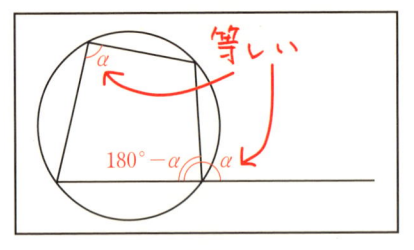

四角形が円に内接するとき

① 対角の和は 180°
② 内角は，その対角の外角に等しい

が成り立つよ。

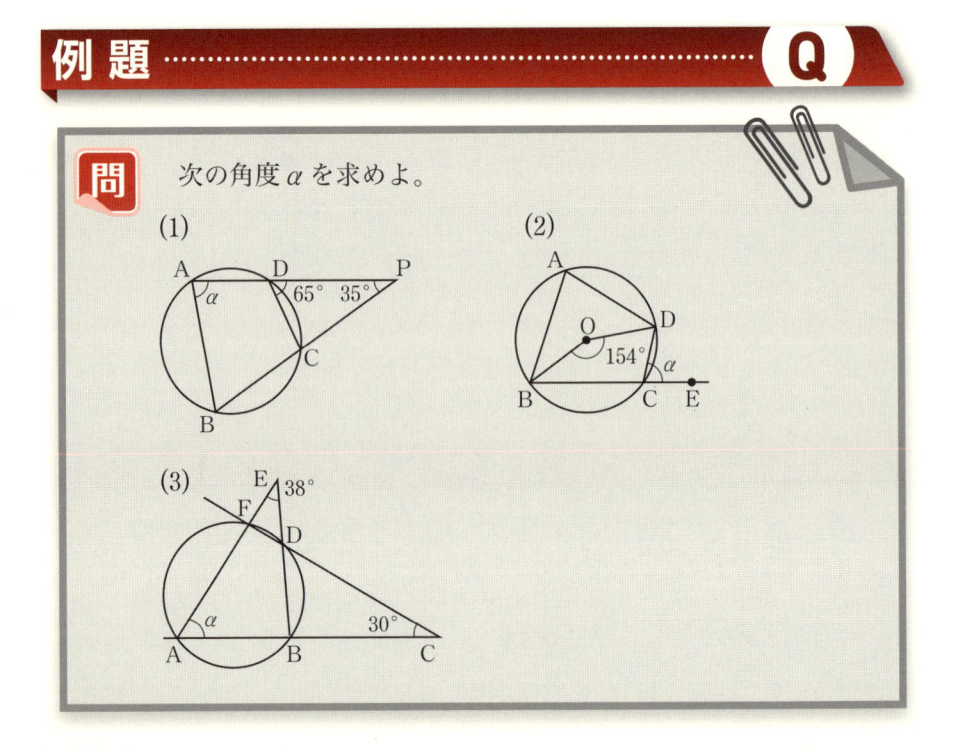

それでは，問題をみてみよう。

例題 Q

問 次の角度 α を求めよ。

(1) 図：円に内接する四角形ABCD、点Pは円外。∠DCP=65°, ∠CPD=35°付近, ∠DAB=α

(2) 図：中心Oの円に内接する四角形ABCD、点Eは延長線上。∠BOD=154°, ∠DCE=α

(3) 図：△ABCにおいて、円が辺AB、辺BCと接し、点D、Fを通る。∠E=38°, ∠C=30°, ∠A=α

単元 ❶ 円に内接する四角形　177

荻島の解説

(1) △CDPにおいて，外角の定理より

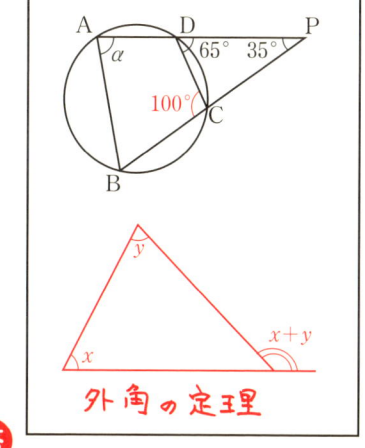

$$\angle BCD = \angle CDP + \angle DPC$$
$$= 65° + 35° = 100°$$

となるね。

また四角形ABCDが円に内接しているので，

$$\angle BAD + \angle BCD = 180°$$

が成り立つね。

$$\alpha + 100° = 180°$$
$$\therefore \alpha = 180° - 100° = 80° \cdots\cdots 答$$

(2) $\overparen{BD}$に対する中心角が$\angle BOD = 154°$となるので，$\angle BAD$は$\overparen{BD}$に対する円周角なので

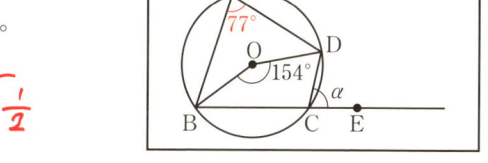

$$\angle BAD = 154° \times \frac{1}{2} = 77°$$

円周角＝(中心角)×$\frac{1}{2}$

となるね。

また，四角形ABCDが円に内接しているので，

$$\angle DCE = \angle BAD$$

が成り立つね。

よって

$$\alpha = 77° \cdots\cdots 答$$

(3) まず四角形ABDFが円に内接しているので

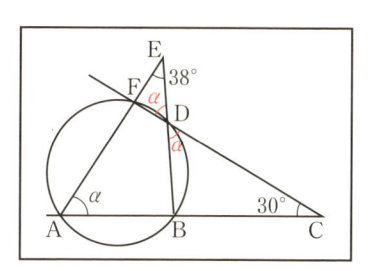

$$\angle BDC = \angle FAB = \alpha$$
$$\angle FDE = \angle FAB = \alpha$$

となるね。また，△BCDに着目して，

外角の定理より

$\qquad \angle \text{ABD} = \angle \text{BDC} + \angle \text{BCD}$

$\qquad \qquad \quad = \alpha + 30°$

となるね。同様に，△DEF に着目して，外角の定理より

$\qquad \angle \text{AFD} = \angle \text{FDE} + \angle \text{FED}$

$\qquad \qquad \quad = \alpha + 38°$

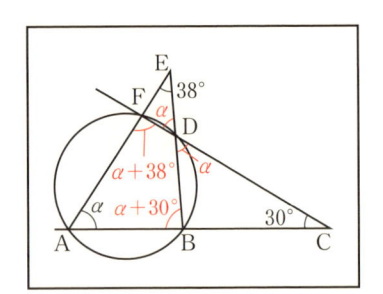

となるね。最後に四角形 ABDF が円に内接しているので

$\qquad \angle \text{ABD} + \angle \text{AFD} = 180°$

が成り立つね。

$\qquad \alpha + 30° + \alpha + 38° = 180°$

$\qquad 2\alpha + 68° = 180°$

$\qquad \qquad 2\alpha = 180° - 68°$

$\qquad \qquad \quad = 112°$

$\qquad \therefore \alpha = 56°$ ……………… 答

それでは，解答をみてみよう。

解 答

(1) 外角の定理より

$\qquad \angle \text{BCD} = 65° + 35° = 100°$

となり，四角形 ABCD が円に内接しているので

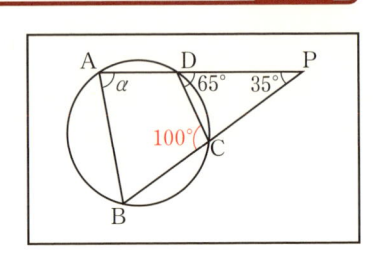

$\qquad \alpha + 100° = 180°$

$\qquad \therefore \alpha = 80°$ ……………… 答

単元 ❶ 円に内接する四角形　179

(2) $\overparen{BD}$ に対する円周角，中心角を考えて

$$\angle BAD = 154° \times \frac{1}{2} = 77°$$

四角形 ABCD が円に内接するので

$$\alpha = \angle BAD = 77°$$ 答

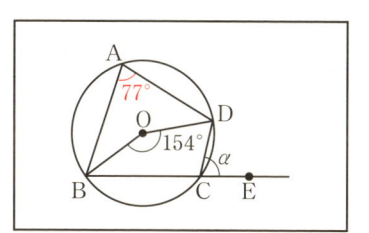

(3) 四角形 ABDF が円に内接するので

$$\angle BDC = \angle FDE = \alpha$$

また，外角の定理より

$$\angle ABD = \alpha + 30°$$
$$\angle AFD = \alpha + 38°$$

そして，四角形 ABDF が円に内接するので

$$\alpha + 30° + \alpha + 38° = 180°$$

∴ $\alpha = 56°$ 答

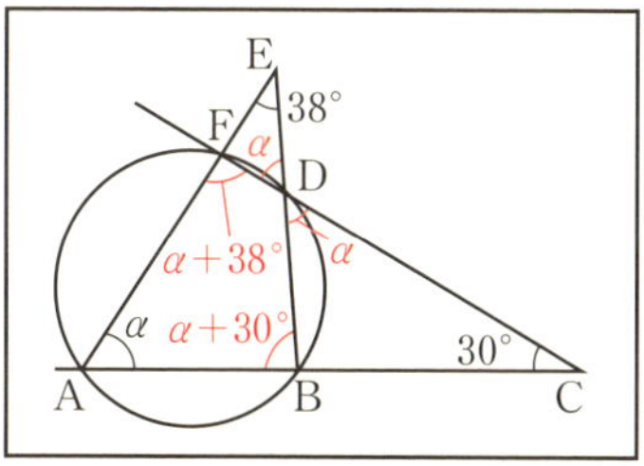

第4講　円の性質

円に内接する四角形　まとめ

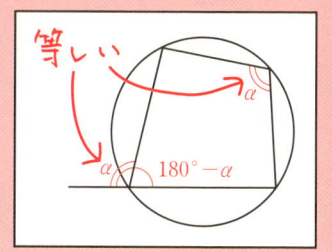

四角形が円に内接するとき
① 対角の和は 180°
② 内角は，その対角の外角に等しい

が成り立つよ。

単元2 接弦定理

今回のテーマは**接弦定理**だよ。

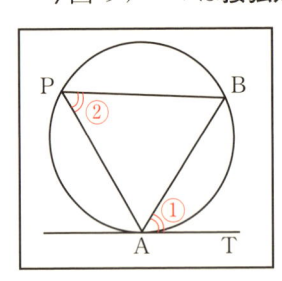

円の接線とその接点を通る弦がつくる角 ①のこと は、その角の内部にある弧に対する円周角に等 ②のこと しくなるよ。

それでは、問題をみてみよう。

例題 Q

問 次の図において、角の大きさ α, β を求めよ。
ただし、点 O は円の中心、AT, BT は点 A, B における接線である。

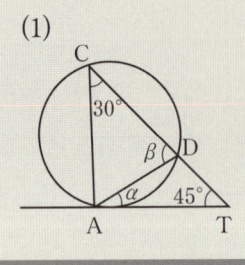

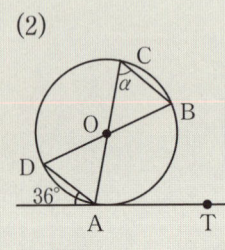

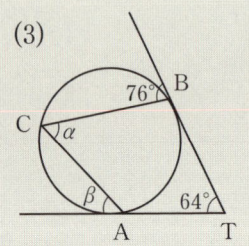

(1) (2) (3)

単元❷ 接弦定理

荻島の解説

(1) 直線 AT が接線であるので接弦定理より
$$\alpha = \angle \text{ACD} = 30°$$ 答

となるね。また △ATD を考えて，外角の定理より
$$\beta = \alpha + 45°$$
$$= 30° + 45° = 75°$$ 答

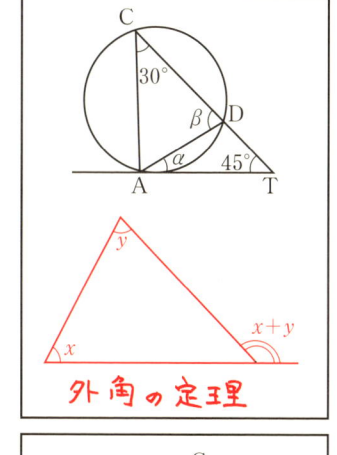

外角の定理

(2) まず，2点 A, B を結ぼう。

このとき，BD が直径となるので
$\angle \text{BAD} = 90°$ となるね。

直径に対する円周角は 90°

このとき
$$\angle \text{BAT} = 180° - 36° - 90° = 54°$$

となるね。最後に △ABC に着目して，接弦定理より
$$\alpha = \angle \text{BAT} = 54°$$ 答

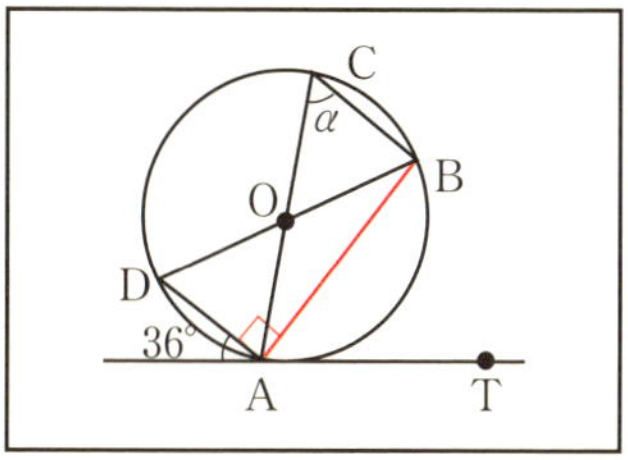

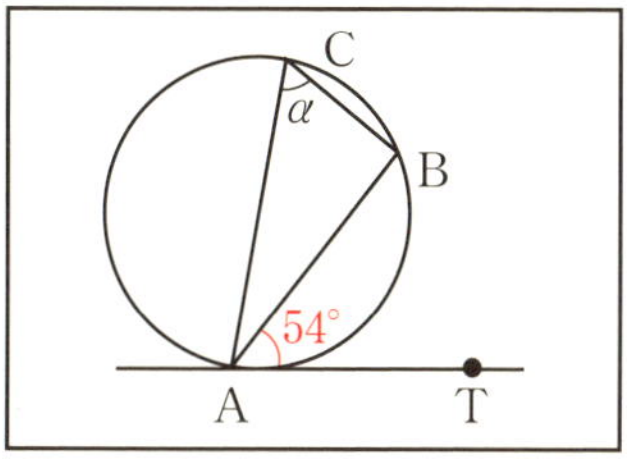

(3) まず，2点 A, B を結ぼう。

このとき △ABT が二等辺三角形となるね。$\angle \text{ATB} = 64°$ だから
$$\angle \text{TAB} = \angle \text{TBA}$$
$$= \frac{180° - 64°}{2} = 58°$$

となるね。

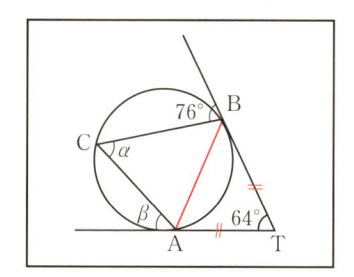

ATが接線であるから，接弦定理より
$$\alpha = \angle \text{BAT} = 58°$$ **答**

また，BTが接線であるから，接弦定理より
$$\angle \text{BAC} = \angle \text{CBS} = 76°$$
となるので
$$\beta = 180° - 76° - 58° = 46°$$ **答**

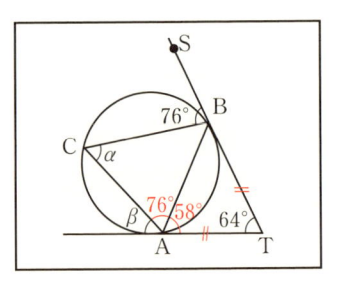

それでは，解答をみてみよう。

解 答　Ａ

(1) 接弦定理より
$$\alpha = 30°$$ **答**

外角の定理より
$$\beta = \alpha + 45° = 75°$$ **答**

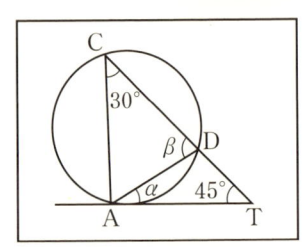

(2) BDが直径となるので
$$\angle \text{BAD} = 90°$$
となる。また，接弦定理より
$$\angle \text{BAT} = \alpha$$
となるので
$$36° + 90° + \alpha = 180°$$
$$\therefore \alpha = 54°$$ **答**

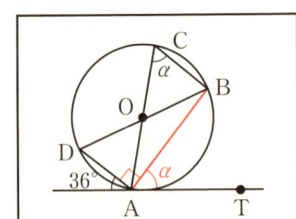

(3) $AT = BT$ となるので
$$\angle TAB = \angle TBA = \frac{180° - 64°}{2}$$
$$= 58°$$

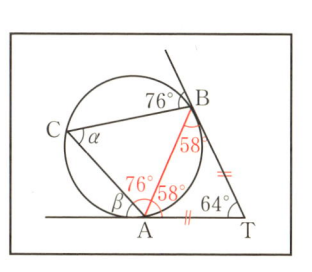

接弦定理より
$$\alpha = 58° \cdots\cdots\cdots\cdots \text{答}$$

$$\angle CAB = 76°$$

となるので
$$\beta = 180° - 76° - 58° = 46° \cdots\cdots\cdots\cdots \text{答}$$

接弦定理 まとめ

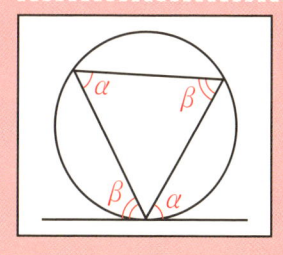

円の弦とその一端から引いた接線とのなす角は，その角内にある弧に対する円周角に等しい。

単元3 方べきの定理

今回のテーマは方べきの定理だよ。

方べきの定理には3つのパターンがあるよ。

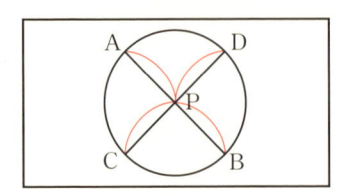

円の2つの弦 AB, CD の交点を P とすると

$$PA \cdot PB = PC \cdot PD$$

が成り立つよ。

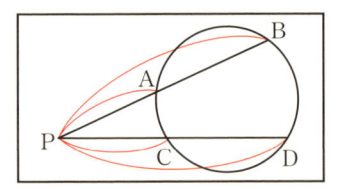

円の2つの弦 AB, CD の延長の交点を P とすると

$$PA \cdot PB = PC \cdot PD$$

が成り立つよ。

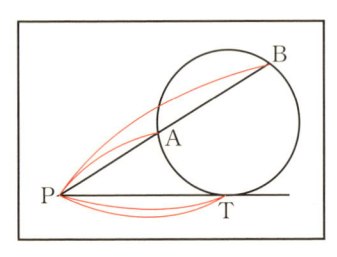

円の外部の点 P から円に引いた接線の接点を T とする。P を通る直線がこの円と2点 A, B で交わるとき

$$PA \cdot PB = PT^2$$

が成り立つよ。

それでは、問題をみてみよう。

単元❸ 方べきの定理　185

例題

問 次の図において，x の値を求めよ。

(1)

(2)

(3)

第4講 円の性質

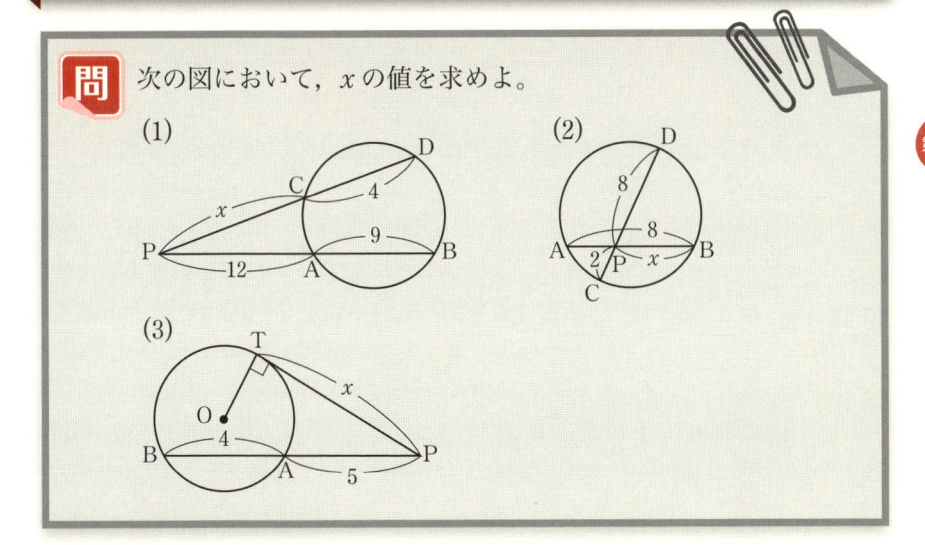

荻島の解説

(1)　方べきの定理より

$$PA \cdot PB = PC \cdot PD$$

が成り立つよ。

$PA = 12$

$PB = 12 + 9 = 21$

$PC = x$

$PD = x + 4$

より

$$12 \cdot 21 = x \cdot (x+4)$$

となるね。これを計算して

$$252 = x^2 + 4x$$

$$x^2 + 4x - 252 = 0$$

$$(x+18)(x-14) = 0$$

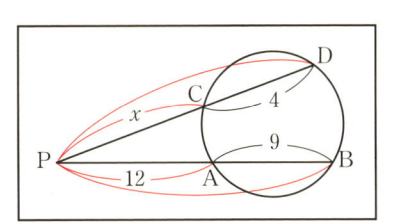

$x > 0$ より

$\quad x = 14$ …………………… 答

(2) 方べきの定理より

$\quad$ PA·PB = PC·PD が成り立つよ。

$\quad$ PA = $8-x$

$\quad$ PB = x

$\quad$ PC = 2

$\quad$ PD = 8

より

$\quad (8-x)\cdot x = 2\cdot 8$

となるね。これを計算して

$\quad 8x - x^2 = 16$

$\quad x^2 - 8x + 16 = 0$

$\quad (x-4)^2 = 0$

$\quad \therefore x = 4$ …………………… 答

(3) 方べきの定理より

$\quad$ PA·PB = PT^2 が成り立つよ。

$\quad$ PA = 5

$\quad$ PB = $5+4 = 9$

$\quad$ PT = x

より

$\quad 5\cdot 9 = x^2$

となるね。これを計算して

$\quad 45 = x^2$

$x > 0$ より

$\quad x = \sqrt{45} = 3\sqrt{5}$ …………………… 答

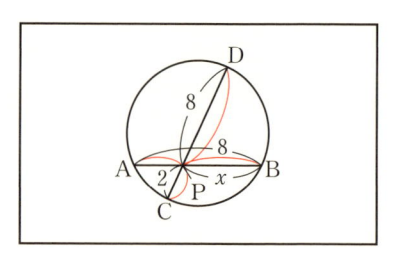

それでは，解答をみてみよう。

解 答　Ⓐ

(1) 方べきの定理より

$$12 \cdot 21 = x \cdot (x+4)$$
$$x^2 + 4x - 252 = 0$$
$$(x+18)(x-14) = 0$$

$x > 0$ より　$\boldsymbol{x = 14}$　……　答

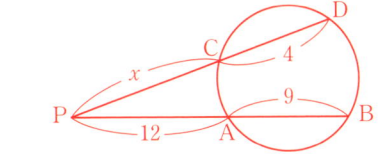

(2) 方べきの定理より

$$(8-x) \cdot x = 2 \cdot 8$$
$$x^2 - 8x + 16 = 0$$
$$(x-4)^2 = 0$$

∴　$\boldsymbol{x = 4}$　……　答

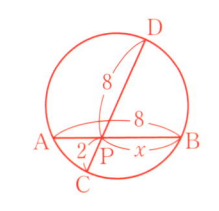

(3) 方べきの定理より

$$5 \cdot 9 = x^2$$
$$x^2 = 45$$

$x > 0$ より　$\boldsymbol{x = 3\sqrt{5}}$　……　答

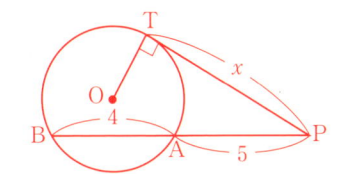

方べきの定理　まとめ

方べきの定理には 3 つのパターンがあるよ。

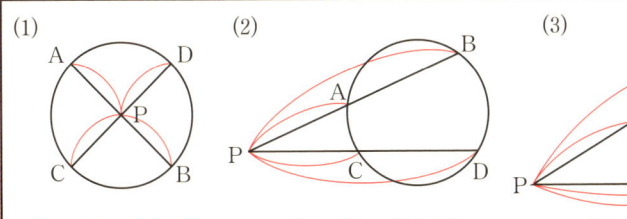

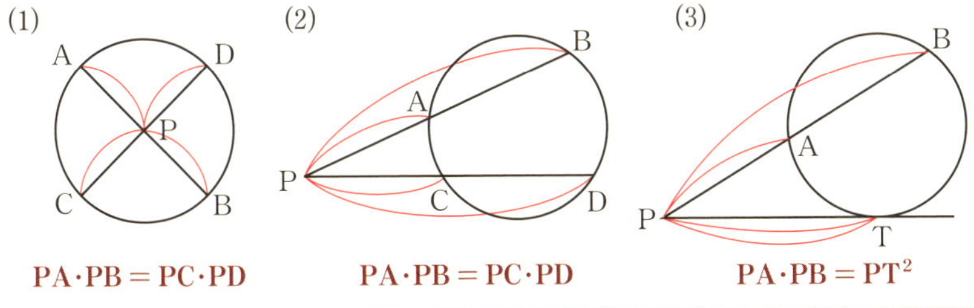

(1) $PA \cdot PB = PC \cdot PD$

(2) $PA \cdot PB = PC \cdot PD$

(3) $PA \cdot PB = PT^2$

単元 4 共通接線の長さ

今日は2つの円に接する直線を考えてみよう。

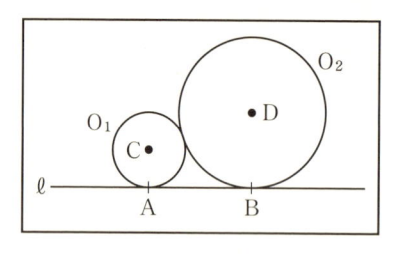

半径1の円O_1と半径2の円O_2が外接し、直線ℓがO_1, O_2のいずれとも接しているとする。O_1, O_2の中心をC, Dとし、ℓとO_1, O_2の接点をA, Bとするとき、線分ABの長さを求めてみよう。

ポイントとなるのは補助線の引き方だよ。

CとAを結ぶと、この線分はℓと直交するね。

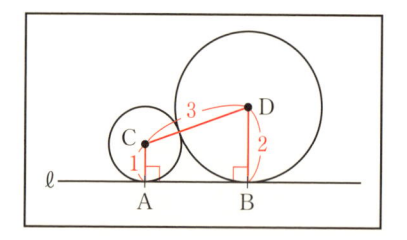

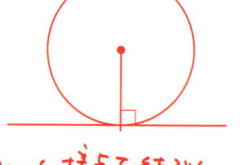

中心と接点を結ぶとこの線分は接線と直交する

また、C, Dを結ぶとこの線分の長さは3となるね。

さらにCからBDへ垂線を下ろしてみよう。

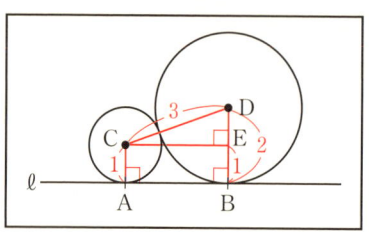

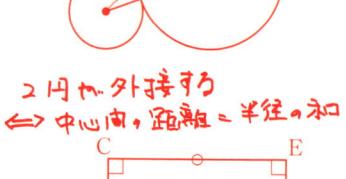

2円が外接する ⟺ 中心間の距離 = 半径の和

すると四角形ABECが長方形となるね。この

とき BE＝AC となるので BE＝1 となるね。

よって
$$DE = DB - EB = 2 - 1 = 1$$
より，△CDE が直角三角形であるので
$$CE^2 = CD^2 - DE^2$$
$$= 3^2 - 1^2$$
$$= 8$$
$$CE = 2\sqrt{2}$$
となり AB＝CE となるので
$$\mathbf{AB = 2\sqrt{2}}$$
となるね。

　補助線は経験によって徐々に自分で引けるようになるよ。問題を解きながら，経験値を増やしていこう！

　それでは，問題をみてみよう。

例題

問 相異なる2つの円 O_1 と O_2 に対する2本の共通接線を ℓ_1, ℓ_2 とする。また，円 O_1, O_2 の半径をそれぞれ1，3とする。さらに線分 O_1O_2 の長さが8であるとき，線分 AB の長さを求めよ。

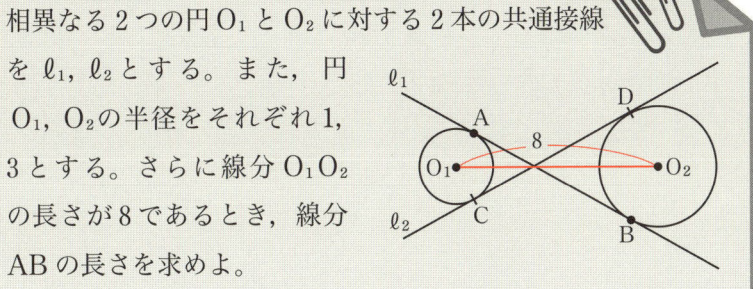

荻島の解説

線分 AB の長さを求めていこう。O_1 と A を結ぶとこの線分は ℓ_1 と直交するね。

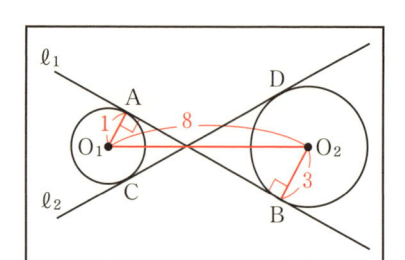

同じように O_2 と B を結ぶと、この線分も ℓ_1 と直交するね。

さらに O_2B を延長して、O_1 から垂線 O_1E を引いてみよう。

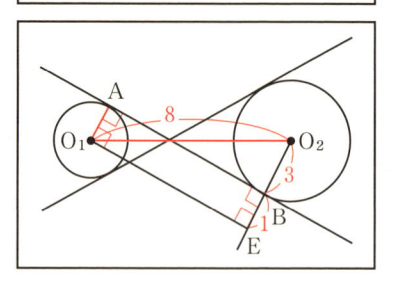

$$\angle O_1AB = 90°$$
$$\angle ABE = 90°$$
$$\angle O_1EB = 90°$$

となるので

$$\angle AO_1E = 360° - 90° - 90° - 90°$$
$$= 90°$$

となるね。

四角形 O_1ABE が長方形となるので

$$BE = AO_1 = 1$$

となるね。

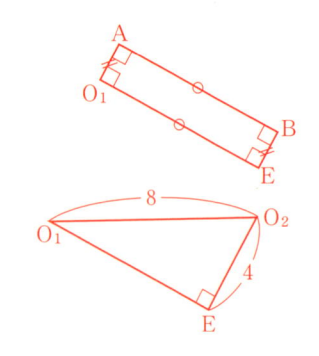

$\triangle O_1O_2E$ が直角三角形より

$$O_1E = \sqrt{O_1O_2{}^2 - O_2E^2}$$
$$= \sqrt{8^2 - 4^2}$$
$$= \sqrt{64 - 16}$$
$$= \sqrt{48}$$
$$= 4\sqrt{3}$$

よって

$$AB = O_1E = 4\sqrt{3} \quad \cdots\cdots\cdots\cdots \text{答}$$

単元❹ 共通接線の長さ

それでは，解答をみてみよう。

解 答　A

直線 O_2B に O_1 から下ろした垂線の足を E とする。

四角形 $ABEO_1$ は長方形であり，$\triangle O_1O_2E$ は直角三角形となるので

$$O_1E = \sqrt{8^2 - 4^2} = 4\sqrt{3}$$

$\therefore AB = 4\sqrt{3}$ ……………… 答

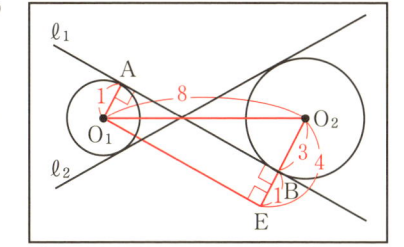

共通接線の長さ　まとめ

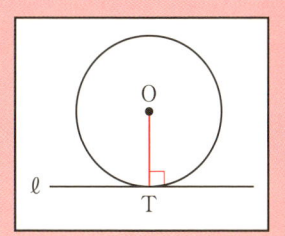

円と直線 ℓ が接するとき，中心と接点を結ぶ線分は ℓ と直交する。

column 黄金比 (golden ratio)

22ページのつづき

$$AD:FE = AB:FC$$

となるので

$$x:1 = 1:x-1$$
$$1\cdot 1 = x(x-1)$$
$$1 = x^2 - x$$
$$x^2 - x - 1 = 0$$

> $ax^2 + bx + c = 0$ のとき
> $$x = \frac{-b \pm \sqrt{b^2 - 4ac}}{2a}$$
> ―解の公式―

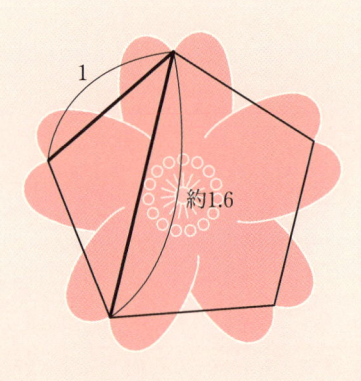

となるね。これを解の公式で解いて

$$x = \frac{-(-1) \pm \sqrt{(-1)^2 - 4\cdot 1 \cdot (-1)}}{2\cdot 1}$$
$$= \frac{1 \pm \sqrt{5}}{2}$$

$x > 0$ より

$$x = \frac{1 + \sqrt{5}}{2} (= 1.681\cdots)$$

となり，黄金比が求まったね。

黄金比はパルテノン神殿やピラミッドといった歴史的建造物，美術品，植物の葉の並び方，名刺やiPodなど様々な所で姿を現すよ。

第2部　「図形の性質」

第5講
センター問題に挑戦！

単元1　センター過去問チャレンジ①
単元2　センター過去問チャレンジ②
単元3　センター過去問チャレンジ③
単元4　センター過去問チャレンジ④
単元5　センター過去問チャレンジ⑤

第5講のポイント

第5講ではセンター試験の過去問を演習していきます。第1部、第2部の総復習となる講です。第1講から第4講までをもう一度見直してから、センター問題に挑戦して下さい。

センター過去問チャレンジ ❶

△ABC において，AB = AC = 3，BC = 2 であるとき

$$\cos \angle ABC = \frac{\boxed{ア}}{\boxed{イ}}, \quad \sin \angle ABC = \frac{\boxed{ウ}\sqrt{\boxed{エ}}}{\boxed{オ}}$$

であり，△ABC の面積は $\boxed{カ}\sqrt{\boxed{キ}}$，△ABC の内接円 I の半径は $\sqrt{\dfrac{\boxed{ク}}{\boxed{ケ}}}$ である。

また，円 I の中心から点 B までの距離は $\sqrt{\dfrac{\boxed{コ}}{\boxed{サ}}}$ である。

(1) 辺 AB 上の点 P と辺 BC 上の点 Q を，BP = BQ かつ PQ = $\dfrac{2}{3}$ となるようにとる。このとき，△PBQ の外接円 O の直径は $\sqrt{\dfrac{\boxed{シ}}{\boxed{ス}}}$ であり，円 I と円 O は $\boxed{セ}$。ただし，$\boxed{セ}$ には次の⓪〜④から当てはまるものを一つ選べ。

⓪ 重なる（一致する）　　① 内接する　　② 外接する
③ 異なる 2 点で交わる　　④ 共有点をもたない

(2) 円 I 上に点 E と点 F を，3 点 C，E，F が一直線上にこの順に並び，かつ，CF = $\sqrt{2}$ となるようにとる。このとき

$$CE = \frac{\sqrt{\boxed{ソ}}}{\boxed{タ}}, \quad \frac{EF}{CE} = \boxed{チ}$$

である。さらに，円 I と辺 BC との接点を D，線分 BE と線分 DF との交点を G，線分 CG の延長と線分 BF との交点を M とする。このとき，$\dfrac{GM}{CG} = \dfrac{\boxed{ツ}}{\boxed{テ}}$ である。

荻島の解説

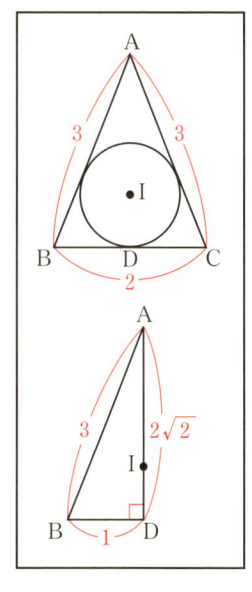

cos∠ABC, sin∠ABC を求めよう。

線分 AB の中点を D とするよ。

余弦定理より
$$\cos\angle ABC = \frac{3^2+2^2-3^2}{2\cdot 3\cdot 2} = \cdots$$

とやってもいいけど，△ABC が二等辺三角形だから，△ABD に注目すると計算がラクだよ。

D が BC の中点だから，BD = 1 となるね。
$$AD = \sqrt{AB^2 - BD^2}$$
$$= \sqrt{3^2 - 1^2}$$
$$= 2\sqrt{2}$$

左図から
$$\cos\angle ABC = \boxed{\frac{1}{3}},\ \sin\angle ABC = \boxed{\frac{2\sqrt{2}}{3}}$$

となるね。

次は △ABC の面積だよ。

$\sin\angle ABC = \dfrac{2\sqrt{2}}{3}$ を利用して

$$\frac{1}{2}\times AB\times BC\times \sin\angle ABC$$
$$= \frac{1}{2}\times 3\times 2\times \frac{2\sqrt{2}}{3} = \boxed{2}\sqrt{\boxed{2}}$$

次は内接円 I の半径を求めよう。半径を r とすると
$$2\sqrt{2} = \frac{r}{2}(2+3+3)$$

が成り立つね。

$2\sqrt{2} = 4r$ となるので
$$r = \frac{\sqrt{\boxed{2}}}{\boxed{2}}$$

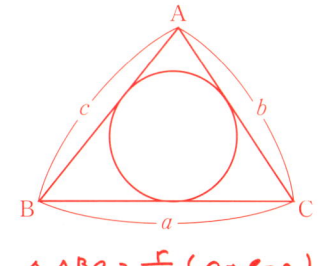

△ABC = $\frac{r}{2}$(a+b+c)

第5講 センター問題に挑戦！

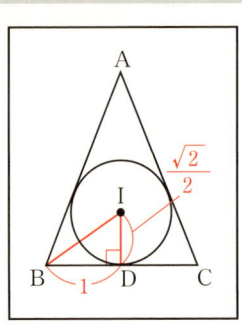

次は円 I の中心から点 B までの距離を求めよう。

左図の BI の長さだね。

$r = \dfrac{\sqrt{2}}{2}$ が ID の長さと一致するので，△BID に注目すれば，うまく解決するね。

$$\begin{aligned}
BI &= \sqrt{BD^2 + ID^2} \\
&= \sqrt{1^2 + \left(\dfrac{\sqrt{2}}{2}\right)^2} \\
&= \sqrt{1 + \dfrac{1}{2}} \\
&= \sqrt{\dfrac{3}{2}} = \dfrac{\sqrt{\boxed{6}}}{\boxed{2}}
\end{aligned}$$

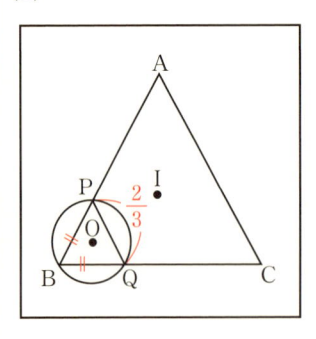

(1)

△PBQ の外接円 O の半径を R としよう。

$\sin \angle ABC = \dfrac{2\sqrt{2}}{3}$ と分かっているので，△BPQ で正弦定理を利用しよう。

$$\begin{aligned}
2R &= \dfrac{PQ}{\sin \angle ABC} \\
R &= \dfrac{PQ}{2\sin \angle ABC} \\
&= \dfrac{PQ}{2} \cdot \dfrac{1}{\sin \angle ABC} \\
&= \dfrac{1}{3} \times \dfrac{3}{2\sqrt{2}} = \dfrac{1}{2\sqrt{2}} \\
&= \dfrac{\sqrt{2}}{4}
\end{aligned}$$

よって△PBQの外接円Oの直径は

$$2R = \frac{\sqrt{\boxed{2}}}{\boxed{2}}$$

次は円Iと円Oの位置関係を調べよう。

△BPQはBP＝BQの二等辺三角形だから△BPQの外心Oは∠PBQの二等分線上にあるね。つまり，BI上にOがあるんだ。

$BI = \frac{\sqrt{6}}{2}$，$BO = R = \frac{\sqrt{2}}{4}$ となるので

$$OI = BI - BO = \frac{\sqrt{6}}{2} - \frac{\sqrt{2}}{4}$$

となるね。OIが2円の中心間の距離だね。

この値と

$$r+R = \frac{\sqrt{2}}{2} + \frac{\sqrt{2}}{4} = \frac{3\sqrt{2}}{4}$$ 　　半径の和

$$r-R = \frac{\sqrt{2}}{2} - \frac{\sqrt{2}}{4} = \frac{\sqrt{2}}{4}$$ 　　半径の差

の大小関係を調べよう。

$$OI - (r+R) = \frac{\sqrt{6}}{2} - \frac{\sqrt{2}}{4} - \frac{3\sqrt{2}}{4}$$
$$= \frac{\sqrt{6} - 2\sqrt{2}}{2} = \frac{\sqrt{6} - \sqrt{8}}{2} < 0$$

より $OI < r+R$ ………①

$$OI - (r-R) = \frac{\sqrt{6}}{2} - \frac{\sqrt{2}}{4} - \frac{\sqrt{2}}{4} = \frac{\sqrt{6} - \sqrt{2}}{2} > 0$$

より $OI > r-R$ ………②

①, ② より
$$r-R < \mathrm{OI} < r+R$$
となるので

円 I と円 O は

異なる 2 点で交わる ③。

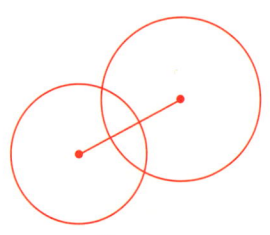

2円が交わる
⇔ 半径の差 < 中心間の距離 < 半径の和

(2)

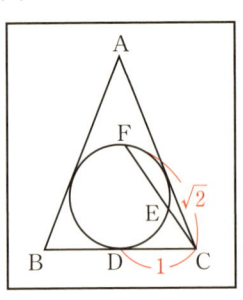

$\mathrm{CE},\ \dfrac{\mathrm{EF}}{\mathrm{CE}}$ を求めよう。

CE は方べきの定理から求まるよ。
$$\mathrm{CE}\cdot\mathrm{CF} = \mathrm{CD}^2$$
より
$$\mathrm{CE}\cdot\sqrt{2} = 1^2$$
$$\therefore\ \mathrm{CE} = \dfrac{1}{\sqrt{2}} = \dfrac{\sqrt{\boxed{2}}}{\boxed{2}}$$

$\mathrm{CE} = \dfrac{\sqrt{2}}{2}$ と分かったので

$$\mathrm{EF} = \mathrm{CF} - \mathrm{CE}$$
$$= \sqrt{2} - \dfrac{\sqrt{2}}{2} = \dfrac{\sqrt{2}}{2}$$

と求まるね。

よって
$$\dfrac{\mathrm{EF}}{\mathrm{CE}} = \dfrac{\frac{\sqrt{2}}{2}}{\frac{\sqrt{2}}{2}} = \boxed{1}$$

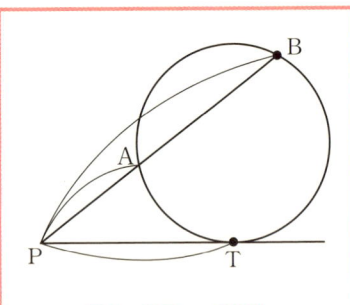

$\mathrm{PA}\cdot\mathrm{PB} = \mathrm{PT}^2$

方べきの定理

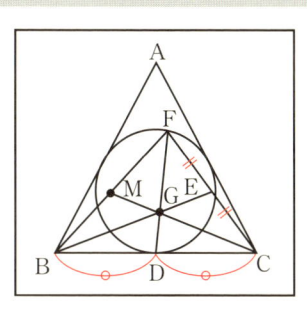

最後に $\dfrac{GM}{CG}$ を求めよう。

$\dfrac{EF}{CE} = 1$ より　CE：EF ＝ 1：1 つまり E が線分 CF の中点であることが分かるね。このとき BE は中線となるね。

頂点と中点を結ぶ線

D も線分 BC の中点だから FD も中線となるね。このとき G は中線の交点だから △BCF の重心となるでしょう。

重心は中線の交点

このとき
$$CG : GM = 2 : 1$$
となるので
$$\dfrac{GM}{CG} = \boxed{\dfrac{1}{2}}$$

それでは解答をみてみよう。

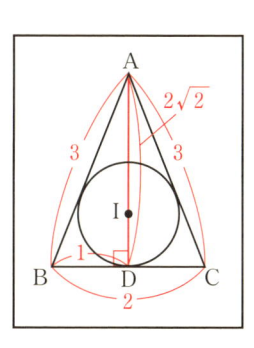

解答　　　　　　　　　　　　　　　　　　　　Ａ

BC と内接円 I との接点を D とする。
$$AD = \sqrt{AB^2 - BD^2}$$
$$= \sqrt{3^2 - 1^2} = 2\sqrt{2}$$
となるので
$$\cos \angle ABC = \boxed{\dfrac{1}{3}},$$
$$\sin \angle ABC = \dfrac{\boxed{2}\sqrt{\boxed{2}}}{\boxed{3}}$$

$$\triangle ABC = \frac{1}{2} \times 3 \times 2 \times \frac{2\sqrt{2}}{3}$$
$$= \boxed{2}\sqrt{\boxed{2}}$$

△ABC の内接円の半径を r とすると
$$2\sqrt{2} = \frac{r}{2}(2+3+3)$$
$$\therefore r = \frac{\sqrt{\boxed{2}}}{\boxed{2}}$$

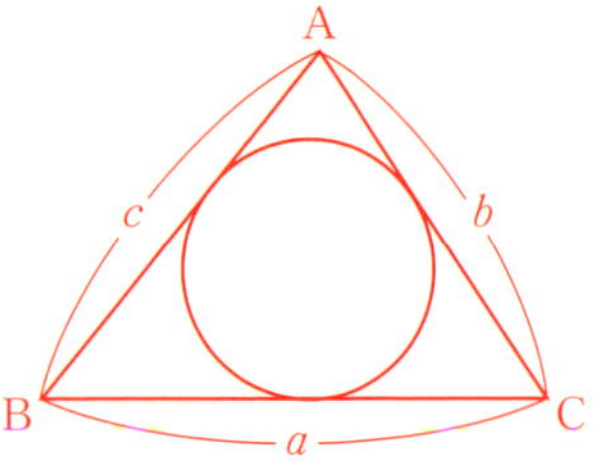

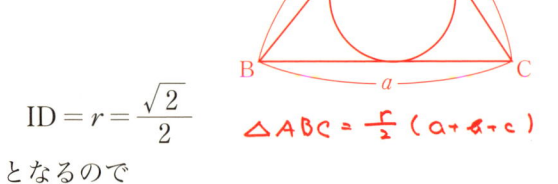

$\triangle ABC = \frac{r}{2}(a+b+c)$

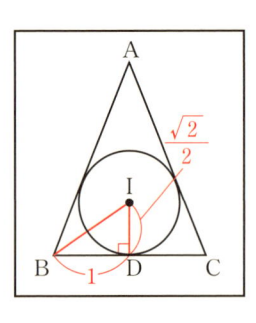

$$ID = r = \frac{\sqrt{2}}{2}$$

となるので
$$BI = \sqrt{BD^2 + ID^2}$$
$$= \sqrt{1^2 + \left(\frac{\sqrt{2}}{2}\right)^2} = \frac{\sqrt{\boxed{6}}}{\boxed{2}}$$

(1) △PBQ の外接円の半径を R とする。
$$2R = \frac{PQ}{\sin \angle ABC}$$
$$R = \frac{PQ}{2\sin \angle ABC} = \frac{1}{3} \times \frac{3}{2\sqrt{2}}$$
$$= \frac{\sqrt{2}}{4}$$

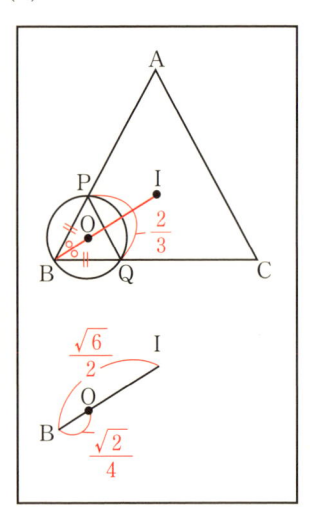

よって △PBQ の外接円の直径は $\frac{\sqrt{\boxed{2}}}{\boxed{2}}$

△BPQ は BP = BQ の二等辺三角形より O は BI 上にあるので

$$OI = BI - BO = \frac{\sqrt{6}}{2} - \frac{\sqrt{2}}{4}$$

$$OI - (r+R) = \frac{\sqrt{6}}{2} - \frac{\sqrt{2}}{4} - \frac{3\sqrt{2}}{4} = \frac{\sqrt{6} - \sqrt{8}}{2} < 0$$

より $OI < r+R$ ……… ①

$$OI - (r-R) = \frac{\sqrt{6}}{2} - \frac{\sqrt{2}}{4} - \frac{\sqrt{2}}{4} = \frac{\sqrt{6} - \sqrt{2}}{2} > 0$$

より $OI > r-R$ ……… ②

①,②より

$r-R < OI < r+R$

となるので

円Iと円Oは異なる2点で交わる ③ 。

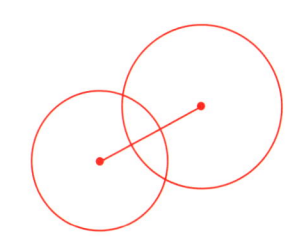

2円が交わる ⟺ 半径の差 < 中心間の距離 < 半径の和

(2)

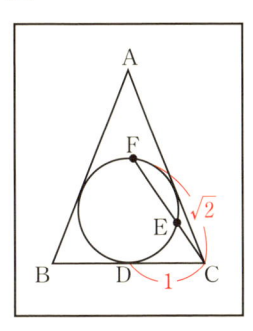

方べきの定理より

$$CE \cdot CF = CD^2$$

$$CE \cdot \sqrt{2} = 1^2$$

$$\therefore CE = \frac{\sqrt{2}}{2}$$

このとき

$$EF = CF - CE = \sqrt{2} - \frac{\sqrt{2}}{2}$$

$$= \frac{\sqrt{2}}{2}$$

となるので

$$\frac{EF}{CE} = \frac{\frac{\sqrt{2}}{2}}{\frac{\sqrt{2}}{2}} = 1$$

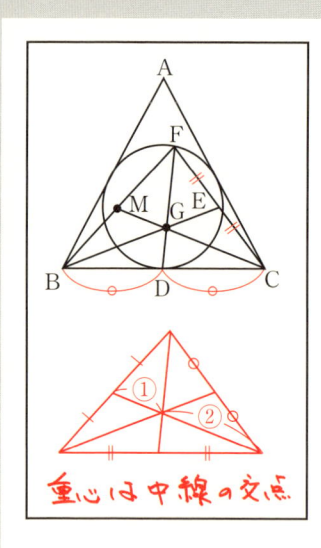

$\dfrac{\mathrm{EF}}{\mathrm{CE}}=1$ より E は FC の中点となる。

D は BC の中点となるので，BE，DF はともに中線となるので、G は △BCF の重心となる。

よって　$\dfrac{\mathrm{GM}}{\mathrm{CG}}=\boxed{\dfrac{1}{2}}$

重心は中線の交点

センター過去問チャレンジ ❷

点Oを中心とする円Oの円周上に4点A, B, C, Dがこの順にある。四角形ABCDの辺の長さは、それぞれ
$$AB = \sqrt{7},\ BC = 2\sqrt{7},\ CD = \sqrt{3},\ DA = 2\sqrt{3}$$
であるとする。

(1) $\angle ABC = \theta$, $AC = x$ とおくと、△ABCに着目して $x^2 = \boxed{アイ} - 28\cos\theta$ となる。また、△ACDに着目して $x^2 = 15 + \boxed{ウエ}\cos\theta$ となる。よって、$\cos\theta = \dfrac{\boxed{オ}}{\boxed{カ}}$, $x = \sqrt{\boxed{キク}}$ であり、円Oの半径は $\sqrt{\boxed{ケ}}$ である。

また、四角形ABCDの面積は $\boxed{コ}\sqrt{\boxed{サ}}$ である。

(2) 点Aにおける円Oの接線と点Dにおける円Oの接線の交点をEとすると、$\angle OAE = \boxed{シス}°$ である。また、線分OEと辺ADの交点をFとすると、$\angle AFE = \boxed{セソ}°$ であり、$OF \cdot OE = \boxed{タ}$ である。

さらに、辺ADの延長と線分OCの延長の交点をGとする。点Eから直線OGに垂線を下ろし、直線OGとの交点をHとする。

4点E, G, $\boxed{チ}$ は同一円周上にある。$\boxed{チ}$ に当てはまるものを次の⓪〜④から一つ選べ。

⓪ C, F ① H, D ② H, F
③ H, A ④ O, A

したがって $OH \cdot OG = \boxed{ツ}$ である。

荻島の解説

(1) △ABC に着目して，余弦定理より
$$AC^2 = AB^2 + BC^2 - 2 \cdot AB \cdot BC \cdot \cos\theta$$
が成り立つので
$$x^2 = (\sqrt{7})^2 + (2\sqrt{7})^2 \\ - 2 \cdot \sqrt{7} \cdot 2\sqrt{7} \cdot \cos\theta$$
$$x^2 = 7 + 28 - 28\cos\theta$$
$$\therefore\ x^2 = \boxed{35} - 28\cos\theta \cdots\cdots ①$$

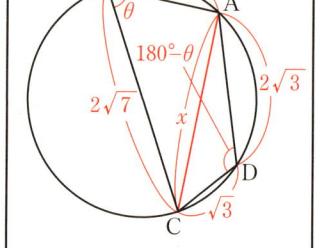

また △ACD に着目して，余弦定理より
$$AC^2 = AD^2 + CD^2 - 2 \cdot AD \cdot CD \cdot \underbrace{\cos(180°-\theta)}_{-\cos\theta}$$
が成り立つので
$$x^2 = (2\sqrt{3})^2 + (\sqrt{3})^2 - 2 \cdot 2\sqrt{3} \cdot \sqrt{3} \cdot (-\cos\theta)$$
$$x^2 = 12 + 3 + 12\cos\theta$$
$$\therefore\ x^2 = 15 + \boxed{12}\cos\theta \cdots\cdots ②$$
が成り立つね。①と②がともに x^2 を表しているので
$$35 - 28\cos\theta = 15 + 12\cos\theta \quad \text{(①=②より)}$$
が成り立つね。
$$-40\cos\theta = -20$$
$$\therefore\ \cos\theta = \frac{20}{40} = \boxed{\frac{1}{2}}$$

これを①式に代入すれば，x が求まるね。
$$x^2 = 35 - 28\cos\theta$$
$$ = 35 - 28 \times \frac{1}{2}$$
$$ = 35 - 14$$
$$ = 21$$

$x>0$ より $x=\sqrt{\boxed{21}}$

ちなみに，$\cos\theta=\dfrac{1}{2}$ から $\theta=60°$ と θ の値が求まるね。

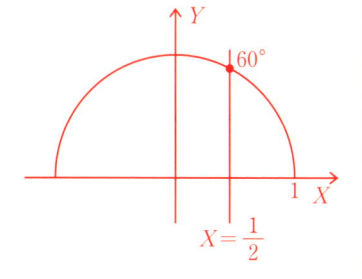

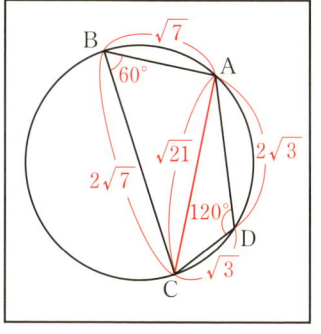

次は円 O の半径を求めよう。

円 O は △ABC の外接円となっているね。

つまり，△ABC の外接円の半径を求めれば OK だね。

正弦定理を使うよ。

円 O の半径を R とすると

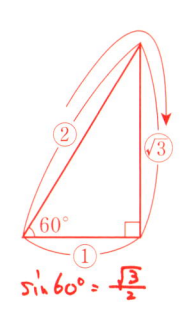

$$2R=\dfrac{\mathrm{AC}}{\sin\angle\mathrm{ABC}}$$

が成り立つので

$$2R=\dfrac{\sqrt{21}}{\sin 60°}$$

$$R=\dfrac{\sqrt{21}}{2\sin 60°}$$

$$=\dfrac{\sqrt{21}}{2}\times\dfrac{1}{\sin 60°}$$

$$=\dfrac{\sqrt{21}}{2}\times\dfrac{2}{\sqrt{3}}$$

$$=\sqrt{\boxed{7}}$$

次は四角形 ABCD の面積を求めよう。

これは △ABC＋△ACD で求まるね。

$$\triangle ABC = \frac{1}{2} \times AB \times BC \times \sin 60°$$

$$= \frac{1}{2} \times \sqrt{7} \times 2\sqrt{7} \times \frac{\sqrt{3}}{2}$$

$$= \frac{7\sqrt{3}}{2}$$

$$\triangle ACD = \frac{1}{2} \times AD \times CD \times \sin 120°$$

$$= \frac{1}{2} \times 2\sqrt{3} \times \sqrt{3} \times \frac{\sqrt{3}}{2}$$

$$= \frac{3\sqrt{3}}{2}$$

よって四角形 ABCD の面積は

$$\frac{7\sqrt{3}}{2} + \frac{3\sqrt{3}}{2} = \frac{10\sqrt{3}}{2} = \boxed{5}\sqrt{\boxed{3}}$$

(2)

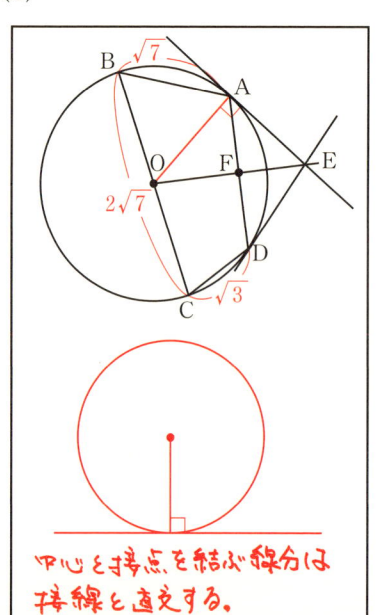

∠OAE を求めよう。

今までの結果から，O が BC 上にあるのが分かるかな？

円 O の半径 R が $R = \sqrt{7}$ だったね。

そして $BC = 2\sqrt{7}$ だから $BC = 2R$ となる。

つまり BC が円 O の直径となるんだ。

だから O は BC 上（BC の中点）にあることが分かるね。

よって∠OAE = $\boxed{90}$°

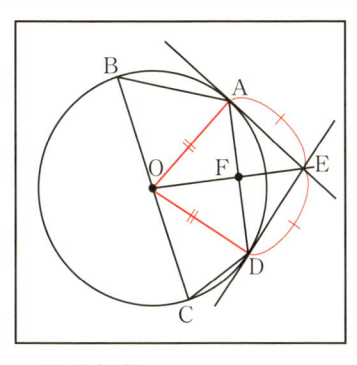

次は∠AFEを求めよう。

OA, ODはともに半径だから
$$OA = OD$$
となるね。

また，A, Dが接点より
$$EA = ED$$
となるね。

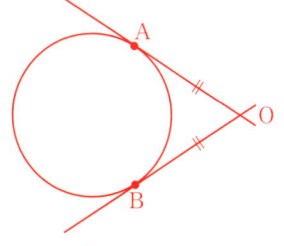

このとき
$$\triangle AOE \equiv \triangle DOE$$
となるので
$$\angle AEF = \angle DEF$$
となるね。よって
$$\triangle AEF \equiv \triangle DEF$$
となるので
$$\angle AFE = \boxed{90}°$$
となるね。

次はOF・OEを求めよう。

△OAE∽△OFA となるので
$$OA : OF = OE : OA$$
が成り立つね。この式から
$$OF \cdot OE = OA^2$$
となるので
$$OF \cdot OE = (\sqrt{7})^2 = \boxed{7}$$

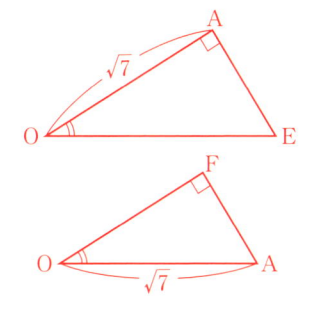

A, Bが接点のとき OA = OB

∠EFG ＝ ∠EFD ＝ 90°

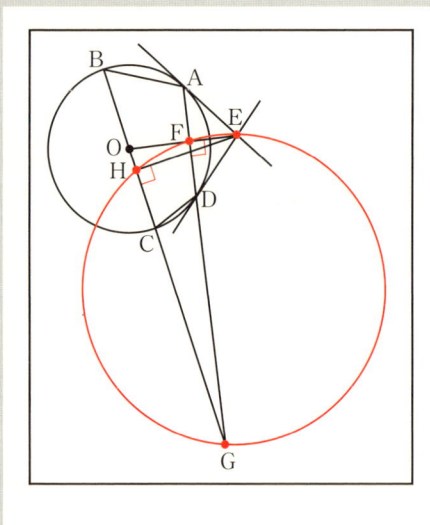

∠EHG ＝ 90°

より，4点 E, G, H, F は EG を直径とする同一円周上にあるね。

最後は OH・OG を求めよう。これは方べきの定理で解決するよ。

$$OH \cdot OG = OF \cdot OE$$

となるね。OF・OE ＝ 7 となったので

$$OH \cdot OG = \boxed{7}$$

それでは，解答をみてみよう。

解答 A

(1) △ABC に着目して，余弦定理より

$$x^2 = (\sqrt{7})^2 + (2\sqrt{7})^2 - 2 \cdot \sqrt{7} \cdot 2\sqrt{7} \cdot \cos\theta$$

$$x^2 = \boxed{35} - 28\cos\theta \quad \cdots\cdots ①$$

△ACD に着目して，余弦定理より

$$x^2 = (2\sqrt{3})^2 + (\sqrt{3})^2 - 2 \cdot 2\sqrt{3} \cdot \sqrt{3} \cdot \underline{\cos(180° - \theta)}$$

$$\underline{\qquad -\cos\theta}$$

$$x^2 = 15 + \boxed{12}\cos\theta \quad \cdots\cdots ②$$

①，②より

$$35 - 28\cos\theta = 15 + 12\cos\theta$$

$$\therefore \cos\theta = \boxed{\dfrac{1}{2}} \quad (\theta = 60°)$$

①式に代入

$$x^2 = 35 - 28 \times \frac{1}{2} = 21$$

$x > 0$ より $x = \sqrt{\boxed{21}}$

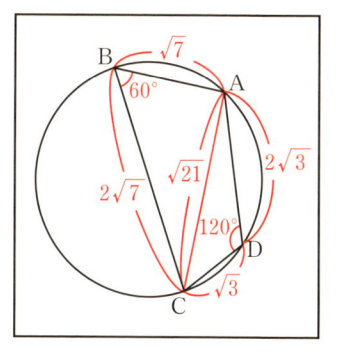

円 O の半径を R とする。

△ABC に着目して，正弦定理より

$$2R = \frac{\sqrt{21}}{\sin 60°}$$

$$R = \frac{\sqrt{21}}{2\sin 60°} = \sqrt{\boxed{7}}$$

$$\triangle ABC = \frac{1}{2} \times \sqrt{7} \times 2\sqrt{7} \times \sin 60°$$

$$= \frac{7\sqrt{3}}{2}$$

$$\triangle ACD = \frac{1}{2} \times 2\sqrt{3} \times \sqrt{3} \times \sin 120°$$

$$= \frac{3\sqrt{3}}{2}$$

より，四角形 ABCD の面積は

$$\frac{7\sqrt{3}}{2} + \frac{3\sqrt{3}}{2} = \boxed{5}\sqrt{\boxed{3}}$$

(2)

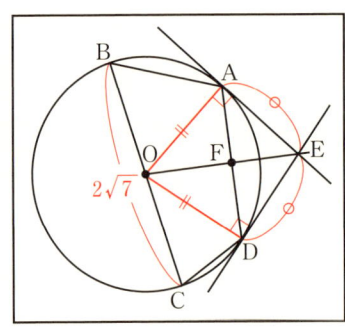

$R=\sqrt{7}$ より O は BC の中点となるので

$\angle \text{OAE} = \boxed{90}$ °

また

AE = DE
OA = OD
OE = OE（共通）

より △AOE ≡ △DOE となり，

$\angle \text{AEF} = \angle \text{DEF}$

となるので △AEF ≡ △DEF となり

$\angle \text{AFE} = \boxed{90}$ °

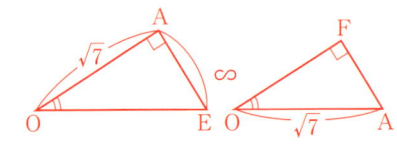

また △OAE ∽ △OFA となるので

OA : OF = OE : OA

$\text{OF} \cdot \text{OE} = \text{OA}^2 = (\sqrt{7})^2 = \boxed{7}$

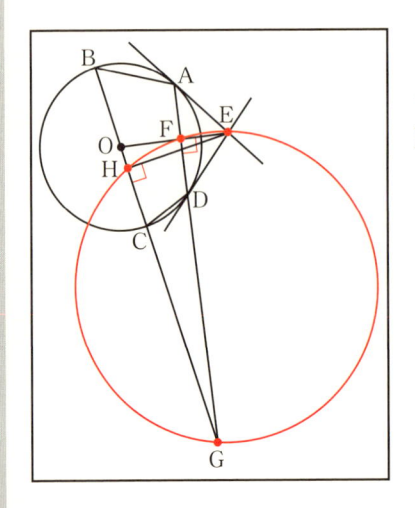

$\angle \text{EFG} = \angle \text{EHG} = 90°$

より，4点 E, G, H, F は
EG を直径とする同一円上にある。

方べきの定理より

$\text{OH} \cdot \text{OG} = \text{OF} \cdot \text{OE}$

∴ $\text{OH} \cdot \text{OG} = \boxed{7}$

センター過去問チャレンジ ❸

△ABC を AB = 3, BC = 4, CA = 5 である直角三角形とする。

(1) △ABC の内接円の中心を O とし，円 O が 3 辺 BC，CA，AB と接する点をそれぞれ P，Q，R とする。このとき，OP = OR = $\boxed{ア}$ である。また，QR = $\dfrac{\boxed{イ}\sqrt{\boxed{ウ}}}{\boxed{エ}}$ であり，sin∠QPR = $\dfrac{\boxed{オ}\sqrt{\boxed{カ}}}{\boxed{キ}}$ である。

(2) 円 O と線分 AP との交点のうち P と異なる方を S とする。このとき，AP = $\sqrt{\boxed{クケ}}$ であり，SP = $\dfrac{\boxed{コ}\sqrt{\boxed{サシ}}}{\boxed{ス}}$ である。また，点 S から辺 BC へ垂線を下ろし，垂線と BC との交点を H とする。このとき，HP = $\dfrac{\boxed{セ}}{\boxed{ソ}}$，SH = $\dfrac{\boxed{タ}}{\boxed{チ}}$ である。したがって，tan∠BCS = $\dfrac{\boxed{ツ}}{\boxed{テ}}$ である。

(3) 円 O 上に点 T を線分 RT が円 O の直径となるようにとる。このとき，tan∠BCT = $\dfrac{\boxed{ト}}{\boxed{ナ}}$ である。よって，∠RSC = $\boxed{ニヌ}$° であり，∠PSC = $\boxed{ネノ}$° である。

荻島の解説

(1)

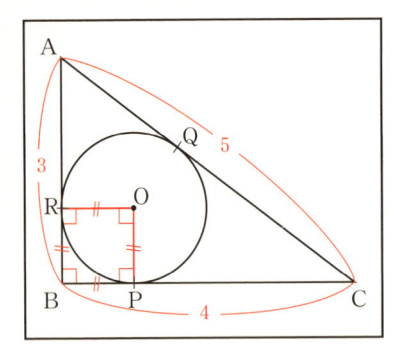

OP(=OR) の値を求めよう。AB=3, BC=4, CA=5 だから △ABC は ∠ABC=90°の直角三角形となるね。

OP(=OR) は △ABC の内接円の半径だから，三角形の面積を利用して求められるよ。

$$\triangle ABC = \frac{1}{2} \times AB \times BC$$
$$= \frac{1}{2} \times 3 \times 4$$
$$= 6$$

内接円の半径を r とすると

$$6 = \frac{r}{2}(4+5+3)$$
$$6 = 6r$$
$$r = \frac{6}{6} = 1$$

よって OP = OR = ☐1

次は QR を求めよう。

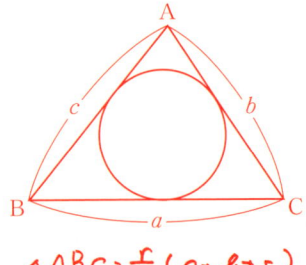

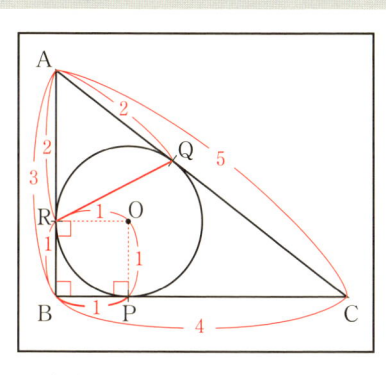

四角形 OPBR は正方形となり
$$OP = OR = 1 \text{ より}$$
$$BR = BP = 1$$
となるね。このとき
$$AR = AB - BR$$
$$= 3 - 1 = 2$$
また $AR = AQ$ より $AQ = 2$

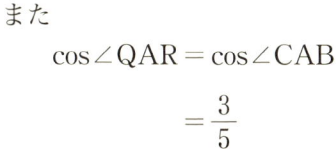

また
$$\cos\angle QAR = \cos\angle CAB$$
$$= \frac{3}{5}$$

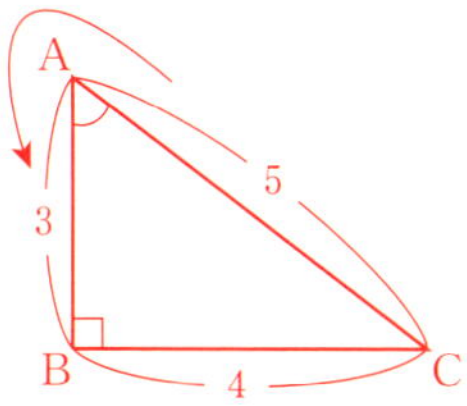

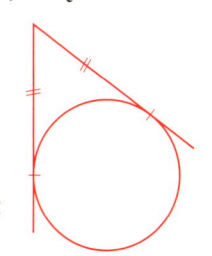

となるので余弦定理より
$$QR^2 = AR^2 + AQ^2 - 2 \cdot AR \cdot AQ \cdot \cos\angle QAR$$
が成り立つね。
$$QR^2 = 2^2 + 2^2 - 2 \cdot 2 \cdot 2 \cdot \frac{3}{5}$$
$$= 4 + 4 - \frac{24}{5}$$
$$= \frac{40 - 24}{5} = \frac{16}{5}$$

$QR > 0$ より $QR = \sqrt{\frac{16}{5}} = \frac{4}{\sqrt{5}} = \boxed{\frac{4\sqrt{5}}{5}}$

次は $\sin\angle QPR$ を求めよう。

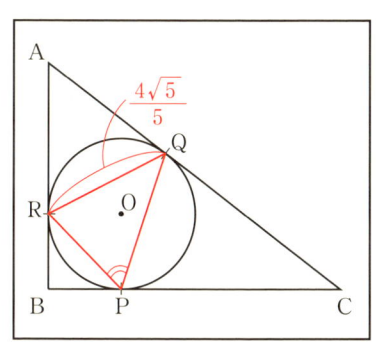

$\triangle PQR$ の外接円が円 O であり，円 O の半径が $r = 1$ と求まっているので，正弦定理で $\sin\angle QPR$ が求まるよ。

$$\frac{QR}{\sin\angle QPR} = 2 \cdot 1$$
$$\frac{\sin\angle QPR}{QR} = \frac{1}{2}$$

逆数をとった

$$\sin \angle \text{QPR} = \frac{\text{QR}}{2}$$

$$\therefore \sin \angle \text{QPR} = \frac{4\sqrt{5}}{5} \times \frac{1}{2}$$

$$= \frac{\boxed{2}\sqrt{\boxed{5}}}{\boxed{5}}$$

(2)

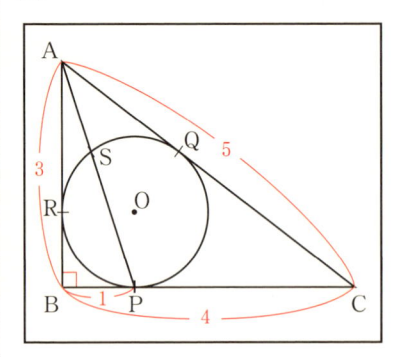

まず AP を求めよう。

△ABP が直角三角形であるので

$$\text{AP} = \sqrt{\text{AB}^2 + \text{BP}^2}$$

$$= \sqrt{3^2 + 1^2}$$

$$= \sqrt{\boxed{10}}$$

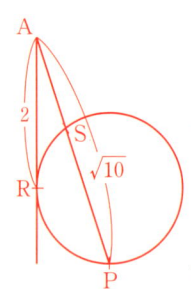

次に SP を求めよう。

$\text{AP} = \sqrt{10}$ を利用するんだよ。

方べきの定理より

$$\text{AS} \cdot \text{AP} = \text{AR}^2$$

が成り立つね。

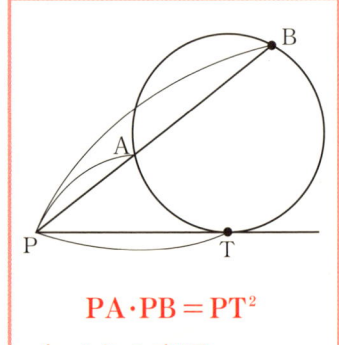

$$\text{AS} \cdot \sqrt{10} = 2^2$$

$$\text{AS} = \frac{4}{\sqrt{10}} = \frac{4\sqrt{10}}{10}$$

$$= \frac{2\sqrt{10}}{5}$$

$$\text{PA} \cdot \text{PB} = \text{PT}^2$$

方べきの定理

となるので

$$\text{SP} = \text{AP} - \text{AS}$$
$$= \sqrt{10} - \frac{2\sqrt{10}}{5}$$
$$= \frac{\boxed{3}\sqrt{\boxed{10}}}{\boxed{5}}$$

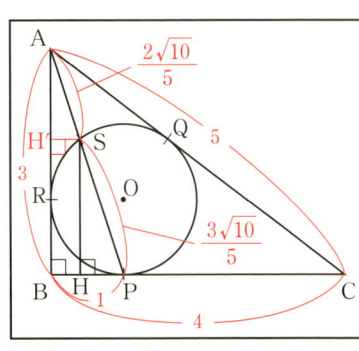

次は HP,SH を求めよう。
$$\text{AS} = \frac{2\sqrt{10}}{5}, \ \text{SP} = \frac{3\sqrt{10}}{5} \ \ \text{と}$$
なったので
$$\text{AS} : \text{SP} = \frac{2\sqrt{10}}{5} : \frac{3\sqrt{10}}{5}$$
$$= 2 : 3$$
となるので
$$\text{BH} : \text{HP} = 2 : 3$$
となるね。

よって
$$\text{HP} = 1 \times \frac{3}{5} = \frac{\boxed{3}}{\boxed{5}}$$

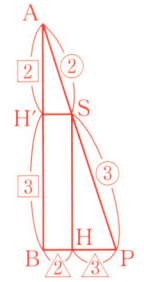

さらに S から AB へ垂線 SH′ を下ろそう。
$$\text{AS} : \text{SP} = 2 : 3$$
より
$$\text{AH}′ : \text{H}′\text{B} = 2 : 3$$
となるので
$$\text{H}′\text{B} = 3 \times \frac{3}{5} = \frac{9}{5}$$
となるね。

よって
$$\text{SH} = \text{H}′\text{B} = \frac{\boxed{9}}{\boxed{5}}$$

次は tan∠BCS を求めよう。

∠BCS＝∠HCS なので △SHC に着目しよう。

BC＝4，BP＝1 だから

$$PC = BC - BP = 4 - 1 = 3$$

また $HP = \dfrac{3}{5}$ より

$$HC = HP + PC = \dfrac{3}{5} + 3 = \dfrac{18}{5}$$

となるので

$$\tan \angle BCS = \tan \angle HCS = \dfrac{SH}{HC}$$

$$= \dfrac{\dfrac{9}{5}}{\dfrac{18}{5}} = \boxed{\dfrac{1}{2}} \quad \cdots\cdots ①$$

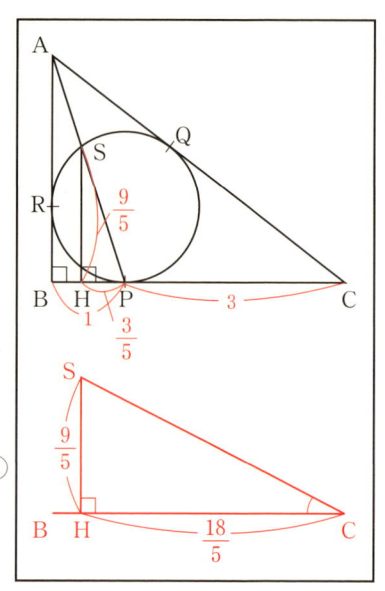

(3)

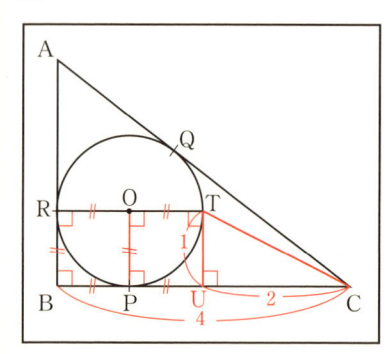

tan∠BCT を求めよう。

T から BC へ垂線 TU を下ろしてみよう。

∠BCT＝∠UCT となるので △TUC に着目しよう。

$$TU = OP = 1$$

$$UC = BC - BU$$
$$= 4 - 2 = 2$$

となるので

$$\tan \angle BCT = \tan \angle UCT$$

$$= \boxed{\dfrac{1}{2}} \quad \cdots\cdots ②$$

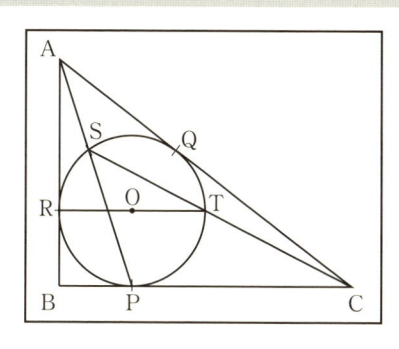

最後に∠RSC, ∠PSCを求めよう。

①, ②から tan∠BCS, tan∠BCT がともに $\frac{1}{2}$ だから,

$$\angle BCS = \angle BCT$$

このとき, 3点S, T, Cが同一直線上にあるね。

RTが直径なので

$$\angle RST = 90°$$

となるね。
よって

$$\angle RSC = \angle RST = \boxed{90}°$$

また $\overparen{PT}$ に対する中心角, 円周角を考えて

$$\angle PSC = \angle PST = \frac{1}{2}\angle POT = \frac{1}{2}\times 90° = \boxed{45}°$$

それでは, 解答をみてみよう。

解答 A

(1)

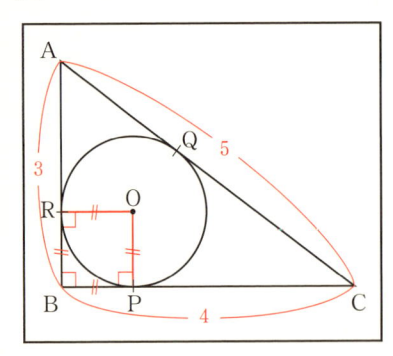

$AB = 3$, $BC = 4$, $CA = 5$ より
$\angle ABC = 90°$ となる。
$\triangle ABC$ の内接円の半径を r とすると

$$\frac{1}{2}\cdot 3\cdot 4 = \frac{r}{2}(4+5+3)$$

$$r = 1$$

となるので $OP = OR = \boxed{1}$

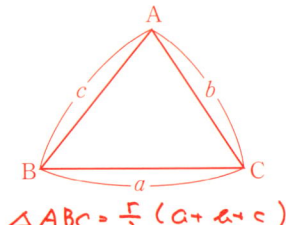

$\triangle ABC = \frac{r}{2}(a+b+c)$

$RB = OP = 1$ となるので
$$AR = 3-1 = 2$$
となり $AQ = AR = 2$ となる。

また $\cos\angle CAB = \dfrac{3}{5}$ となるので

$\triangle ARQ$ で余弦定理より

$$QR^2 = 2^2 + 2^2 - 2\cdot 2\cdot 2\cdot \frac{3}{5} = \frac{16}{5}$$

$QR > 0$ より $QR = \dfrac{\boxed{4}\sqrt{\boxed{5}}}{\boxed{5}}$

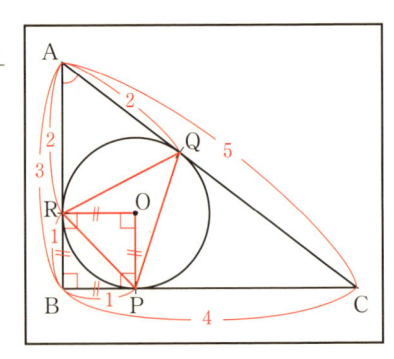

$\triangle PQR$ で正弦定理より

$$\frac{QR}{\sin\angle QPR} = 2\cdot 1$$

$$\sin\angle QPR = \frac{QR}{2} = \frac{\boxed{2}\sqrt{\boxed{5}}}{\boxed{5}}$$

(2)

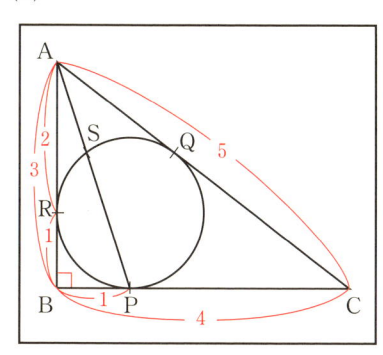

$$AP = \sqrt{AB^2 + BP^2}$$
$$= \sqrt{3^2 + 1^2} = \sqrt{\boxed{10}}$$

方べきの定理より

$$AS \cdot AP = AR^2$$
$$AS \cdot \sqrt{10} = 2^2$$
$$AS = \frac{4}{\sqrt{10}} = \frac{2\sqrt{10}}{5}$$

となるので

$$SP = AP - AS$$
$$= \sqrt{10} - \frac{2\sqrt{10}}{5}$$
$$= \frac{\boxed{3}\sqrt{\boxed{10}}}{\boxed{5}}$$

$AS = \dfrac{2\sqrt{10}}{5}$, $SP = \dfrac{3\sqrt{10}}{5}$ より

$$AS : SP = 2 : 3$$

となるので

$$BH : HP = 2 : 3$$

よって

$$HP = 1 \times \frac{3}{5} = \frac{\boxed{3}}{\boxed{5}}$$

さらに S から AB へ下ろした垂線の足を H′ とすると

$$AH' : H'B = 2 : 3$$

となるので

$$H'B = 3 \times \frac{3}{5} = \frac{9}{5}$$

$$\therefore SH = H'B = \frac{\boxed{9}}{\boxed{5}}$$

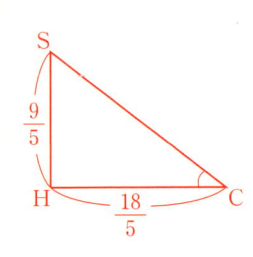

$$HC = HP + PC = \frac{3}{5} + 3 = \frac{18}{5}$$

となるので

$$\tan\angle BCS = \tan\angle HCS = \frac{\frac{9}{5}}{\frac{18}{5}} = \boxed{\frac{1}{2}}$$

(3)

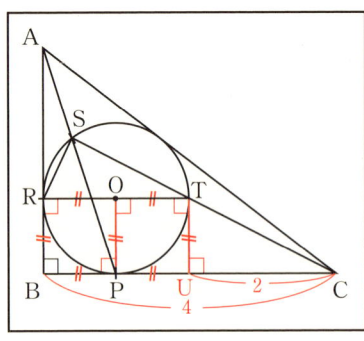

T から BC へ下ろした垂線の足を U とする。

$$UC = BC - BU = 4 - 2 = 2$$

となるので

$$\tan\angle BCT = \tan\angle UCT = \frac{TU}{UC} = \boxed{\frac{1}{2}}$$

$$\tan\angle BCS = \tan\angle BCT \left(= \frac{1}{2}\right)$$

より S,T,C は同一直線上にある。

RT が直径より

$$\angle RSC = \angle RST = \boxed{90}°$$

∠POT = 90° となるので

$$\angle PSC = \frac{1}{2}\angle POT$$
$$= 90° \times \frac{1}{2} = \boxed{45}°$$

センター過去問チャレンジ ❹

△ABC において，AB = 1，BC = $\sqrt{7}$，AC = 2 とし，∠CAB の二等分線と辺 BC との交点を D とする。

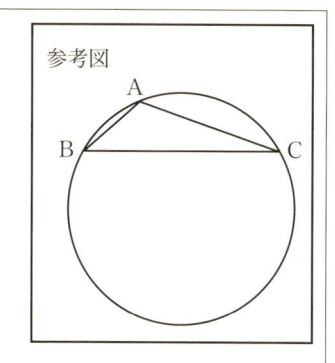

このとき，∠CAB = $\boxed{アイウ}$ ° であり，

BD = $\dfrac{\sqrt{\boxed{エ}}}{\boxed{オ}}$，

CD = $\dfrac{\boxed{カ}\sqrt{\boxed{キ}}}{\boxed{ク}}$ である。

参考図

AD の延長と △ABC の外接円 O との交点のうち A と異なる方を E とする。このとき，∠DAB と等しい角は，次の ⓪〜④ のうち $\boxed{ケ}$ と $\boxed{コ}$ である。ただし，$\boxed{ケ}$ と $\boxed{コ}$ の解答の順は問わない。

⓪ ∠DBE　① ∠ABD　② ∠DEC
③ ∠CDE　④ ∠BEC

これより，BE = $\sqrt{\boxed{サ}}$ である。また，DE = $\dfrac{\boxed{シ}}{\boxed{ス}}$ である。

次に，△BED の外接円の中心を O′ とすると，O′B = $\dfrac{\boxed{セ}\sqrt{\boxed{ソ}}}{\boxed{タ}}$ であり，tan∠EBO′ = $\dfrac{\sqrt{\boxed{チ}}}{\boxed{ツ}}$ である。

荻島の解説

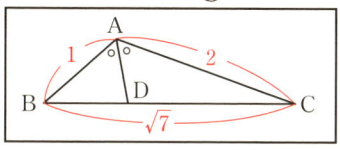

まず ∠CAB を求めよう。
余弦定理を利用して，cos∠CAB から求めよう。

$$\cos\angle\text{CAB} = \frac{\text{AB}^2 + \text{AC}^2 - \text{BC}^2}{2\cdot\text{AB}\cdot\text{AC}}$$

が成り立つので

$$\cos\angle\text{CAB} = \frac{1^2 + 2^2 - (\sqrt{7})^2}{2\cdot 1\cdot 2}$$

$$= \frac{1+4-7}{4}$$

$$= \frac{-2}{4}$$

$$= -\frac{1}{2}$$

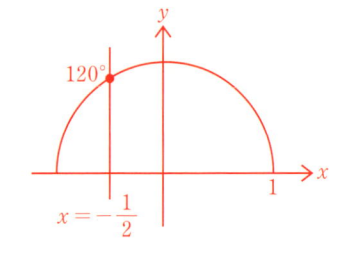

よって

$$\angle\text{CAB} = \boxed{120}°$$

次は BD, CD を求めよう。

AD が ∠BAC の二等分線より

$$\text{BD}:\text{DC} = \text{AB}:\text{AC}$$

が成り立つね。AB = 1, AC = 2 より

$$\text{BD}:\text{DC} = 1:2$$

となるので

$$\text{BD} = \sqrt{7}\times\frac{1}{3} = \frac{\sqrt{\boxed{7}}}{\boxed{3}}$$

$$\text{CD} = \sqrt{7}\times\frac{2}{3} = \frac{\boxed{2}\sqrt{\boxed{7}}}{\boxed{3}}$$

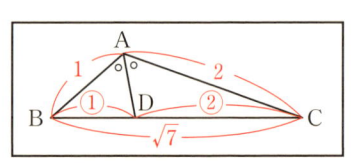

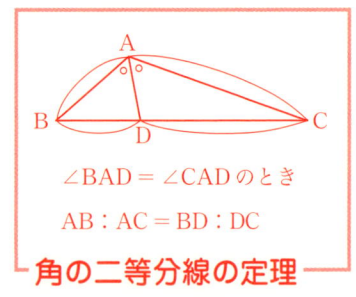

∠BAD = ∠CAD のとき
AB : AC = BD : DC

―角の二等分線の定理―

∠DAB と等しい角は，次の⓪〜④のうち，　ケ　と　コ　である。

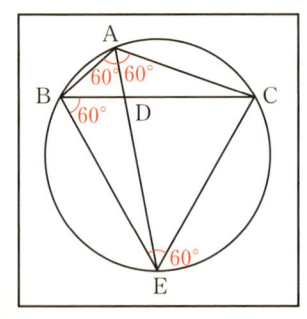

⓪ ∠DBE　① ∠ABD　② ∠DEC
③ ∠CDE　④ ∠BEC

∠CAB = 120° で，AD が ∠CAB を二等分するので ∠DAB = ∠CAD = 60° となるね。

$\overparen{CE}$ に対する円周角を考えて
$$\angle CBE = \angle CAE (=60°)$$
となるので
$$\angle DAB = \angle DBE \quad \boxed{⓪}$$
また，四角形 ABEC が円に内接しているので
$$\angle BAC + \angle BEC = 180°$$
となるね。$\angle BAC = 120°$ より
$$120° + \angle BEC = 180°$$
$$\angle BEC = 60°$$
より
$$\angle DAB = \angle BEC \quad \boxed{④}$$

次は BE を求めよう。
$\overparen{BE}$ に対する円周角を考えて
$$\angle BCE = \angle BAE = 60°$$
となるので，△BEC は正三角形となるね。
このとき
$$BE = BC$$
となるので
$$BE = \sqrt{\boxed{7}}$$
次は DE を求めよう。
$BE = \sqrt{7}$ を利用しよう。
△BDE で余弦定理より
$$DE^2 = BD^2 + BE^2 - 2 \cdot BD \cdot BE \cdot \cos\angle DBE$$
が成り立つので

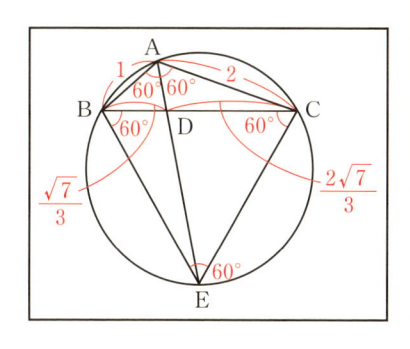

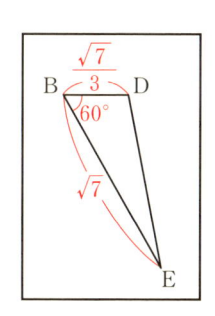

$$DE^2 = \left(\frac{\sqrt{7}}{3}\right)^2 + (\sqrt{7})^2 - 2 \cdot \frac{\sqrt{7}}{3} \cdot \sqrt{7} \cdot \cos 60°$$

$$= \frac{7}{9} + 7 - 2 \cdot \frac{\sqrt{7}}{3} \cdot \sqrt{7} \cdot \frac{1}{2}$$

$$= \frac{7}{9} + 7 - \frac{7}{3}$$

$$= \frac{7 + 63 - 21}{9} = \frac{49}{9}$$

$$\therefore DE = \sqrt{\frac{49}{9}} = \boxed{\frac{7}{3}}$$

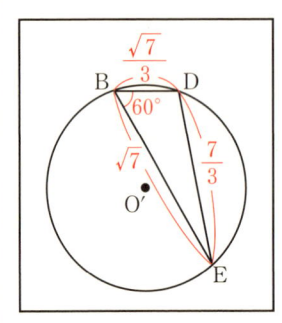

次は O′B を求めよう。

O′B は △BDE の外接円の半径と一致するので正弦定理で解決するよ。

△BDE の外接円の半径を R とすると

$$2R = \frac{\frac{7}{3}}{\sin 60°}$$

$$R = \frac{7}{6} \times \frac{1}{\sin 60°} = \frac{7}{6} \times \frac{2}{\sqrt{3}}$$

$$= \frac{7}{3\sqrt{3}} = \frac{7\sqrt{3}}{9}$$

となるので

$$O′B = \frac{\boxed{7}\sqrt{\boxed{3}}}{\boxed{9}}$$

最後は $\tan \angle EBO′$ を求めよう。

O′ から BE へ垂線 O′H を下ろそう。

このとき,H は BE の中点となるので

$$BH = \frac{\sqrt{7}}{2}$$

となるね。

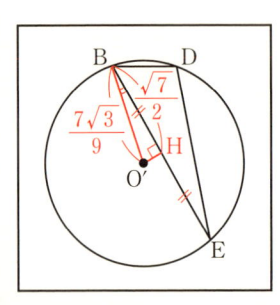

△O'HB が直角三角形となるので

$$O'H = \sqrt{O'B^2 - BH^2}$$
$$= \sqrt{\left(\frac{7\sqrt{3}}{9}\right)^2 - \left(\frac{\sqrt{7}}{2}\right)^2}$$
$$= \sqrt{\frac{147}{81} - \frac{7}{4}}$$
$$= \sqrt{\frac{588 - 567}{324}}$$
$$= \sqrt{\frac{21}{324}}$$
$$= \frac{\sqrt{21}}{18}$$

となるので

$$\tan \angle EBO' = \tan \angle HBO'$$
$$= \frac{O'H}{BH} = \frac{\frac{\sqrt{21}}{18}}{\frac{\sqrt{7}}{2}} = \frac{\sqrt{\boxed{3}}}{\boxed{9}}$$

それでは，解答をみてみよう．

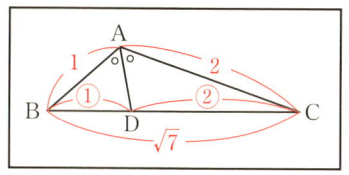

解答 A

$$\cos \angle CAB = \frac{4 + 1 - 7}{2 \cdot 1 \cdot 2} = -\frac{1}{2}$$

より，$\angle CAB = \boxed{120}°$

BD : DC = 1 : 2 となるので

$$BD = \frac{\sqrt{\boxed{7}}}{\boxed{3}}, \quad CD = \frac{\boxed{2}\sqrt{\boxed{7}}}{\boxed{3}}$$

∠BAC = 120° より
∠DAB = ∠CAD = 60°
$\stackrel{\frown}{CE}$ に対する円周角を考えて
∠DBE = ∠CAE = 60°
四角形 ABEC が円に内接するので
∠BEC = 180° − 120° = 60°
よって ∠DAB と等しい角は

∠DBE ⓪ と ∠BEC ④

△BEC は正三角形となるので
BE = BC
∴ BE = $\sqrt{\boxed{7}}$

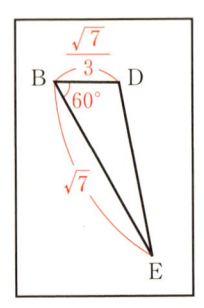

△BDE で余弦定理を考えて
$DE^2 = \left(\dfrac{\sqrt{7}}{3}\right)^2 + (\sqrt{7})^2 - 2 \cdot \dfrac{\sqrt{7}}{3} \cdot \sqrt{7} \cdot \cos 60°$

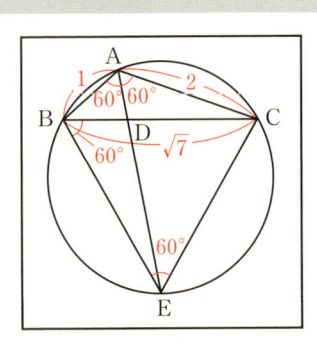

$= \dfrac{49}{9}$

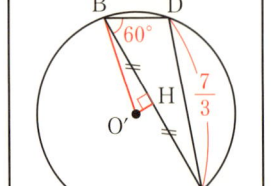

∴ DE = $\dfrac{\boxed{7}}{\boxed{3}}$

△BDE の外接円の半径を R とすると

$2R = \dfrac{\dfrac{7}{3}}{\sin 60°}$

$R = \dfrac{7}{6} \times \dfrac{2}{\sqrt{3}} = \dfrac{7\sqrt{3}}{9}$

∴ O′B = $\dfrac{\boxed{7}\sqrt{\boxed{3}}}{\boxed{9}}$

O′ から BE へ下ろした垂線の足を H とする。

$$O'H = \sqrt{O'B^2 - BH^2}$$
$$= \sqrt{\left(\frac{7\sqrt{3}}{9}\right)^2 - \left(\frac{\sqrt{7}}{2}\right)^2} = \frac{\sqrt{21}}{18}$$

$$\therefore \tan\angle EBO' = \frac{O'H}{BH} = \frac{\frac{\sqrt{21}}{18}}{\frac{\sqrt{7}}{2}} = \frac{\sqrt{\boxed{3}}}{\boxed{9}}$$

センター過去問チャレンジ ❺

　△ABC において，AB = 7，BC = $4\sqrt{2}$，∠ABC = 45° とする。また，△ABC の外接円の中心を O とする。

　このとき，CA = □ア□ であり，外接円 O の半径は $\dfrac{□イ□}{□ウ□}\sqrt{□エ□}$ である。

　外接円 O 上の点 A を含まない弧 BC 上に点 D を CD = $\sqrt{10}$ であるようにとる。∠ADC = □オカ□° であるから，AD = x とすると x は2次方程式

$$x^2 - □キ□\sqrt{□ク□}\,x - □ケコ□ = 0$$

を満たす。$x > 0$ であるから AD = □サ□$\sqrt{□シ□}$ となる。

　下の □ス□，□セ□，□ツ□ には，次の⓪〜⑤のうちから当てはまるものを一つずつ選べ。ただし，同じものを繰り返し選んでもよい。

　⓪ AC　　① AD　　② AE
　③ BA　　④ CD　　⑤ ED

　点 A における外接円 O の接線と辺 DC の延長の交点を E とする。このとき，∠CAE = ∠□ス□E であるから，△ACE と △D□セ□ は相似である。これより EA = $\dfrac{□ソ□}{□タ□}\sqrt{□チ□}$ EC である。また，EA^2 = □ツ□・EC である。したがって EA = $\dfrac{□テト□}{□ナ□}\sqrt{□ニ□}$ であり，△ACE の面積は $\dfrac{□ヌネ□}{□ノ□}$ である。

荻島の解説

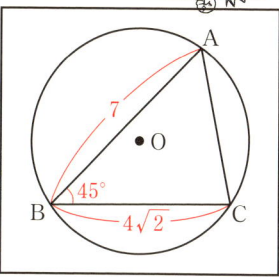

まず CA を求めよう。

余弦定理より

$$CA^2 = AB^2 + BC^2 - 2 \cdot AB \cdot BC \cdot \cos\angle ABC$$

が成り立つので

$$CA^2 = 7^2 + (4\sqrt{2})^2 - 2 \cdot 7 \cdot 4\sqrt{2} \cdot \cos 45°$$

$$= 49 + 32 - 2 \cdot 7 \cdot 4\sqrt{2} \cdot \frac{1}{\sqrt{2}}$$

$$= 49 + 32 - 56 = 25$$

CA > 0 より CA $= \sqrt{25} =$ 5

次は外接円 O の半径を求めよう。
これは正弦定理で解決するよ。

$$2R = \frac{5}{\sin 45°}$$

より

$$R = \frac{5}{2\sin 45°}$$

$$= \frac{5}{2} \cdot \frac{1}{\sin 45°}$$

$$= \frac{5}{2}\sqrt{2}$$

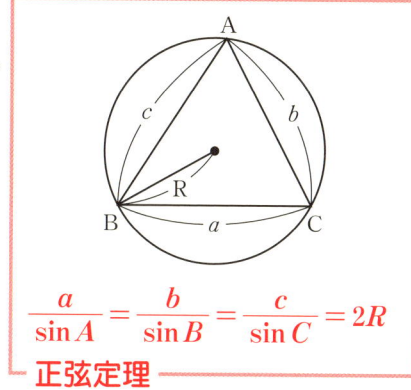

$$\frac{a}{\sin A} = \frac{b}{\sin B} = \frac{c}{\sin C} = 2R$$

正弦定理

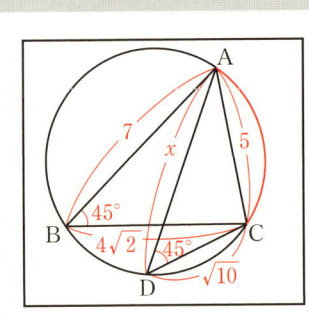

$\overparen{AC}$ に対する円周角を考えて

$$\angle ADC = \angle ABC$$

となるので

$$\angle ADC = \boxed{45}°$$

△ACD で余弦定理より

$$AC^2 = AD^2 + CD^2 - 2 \cdot AD \cdot CD \cdot \cos\angle ADC$$

が成り立つので

$$5^2 = x^2 + (\sqrt{10})^2 - 2 \cdot x \cdot \sqrt{10} \cdot \cos 45°$$

$$25 = x^2 + 10 - 2 \cdot x \cdot \sqrt{10} \cdot \frac{1}{\sqrt{2}}$$

$$\therefore x^2 - \boxed{2}\sqrt{\boxed{5}}\,x - \boxed{15} = 0$$

が成り立つね。

$$(x - 3\sqrt{5})(x + \sqrt{5}) = 0$$

$x > 0$ より $x = \boxed{3}\sqrt{\boxed{5}}$

1		-15	$-2\sqrt{5}$
1	×	$-3\sqrt{5}$	$-3\sqrt{5}$
1		$\sqrt{5}$	$\sqrt{5}$

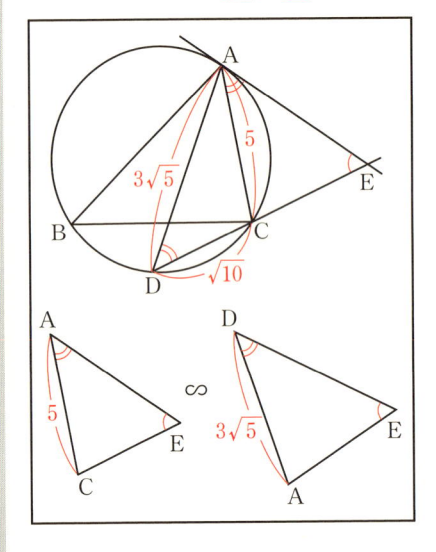

A が接点だから接弦定理より

$$\angle CAE = \underline{\angle ADE}_{①}$$

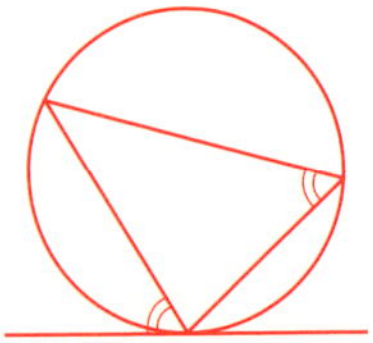

接弦定理

このとき

$$\angle CAE = \angle ADE$$
$$\angle AEC = \angle DEA \text{ (共通)}$$

より △ACE と △DAE は相似となるね。

②

このとき
$$AC : DA = EC : EA$$
となるので
$$5 : 3\sqrt{5} = EC : EA$$
$$5EA = 3\sqrt{5}\,EC$$
$$\therefore\ EA = \frac{\boxed{3}}{\boxed{5}}\sqrt{\boxed{5}}\,EC\ \cdots\cdots\text{①}$$

また，方べきの定理より
$$EA^2 = \underset{\boxed{5}}{ED \cdot EC}\ \cdots\cdots\text{②}$$

が成り立つね。

次は EA を求めよう。

①，②から EA を消去しよう。
$$\left(\frac{3\sqrt{5}}{5}EC\right)^2 = ED \cdot EC$$
$$\frac{9}{5}EC^2 = ED \cdot EC$$

ここで
$$ED = EC + \sqrt{10}$$
が成り立つので
$$\frac{9}{5}EC^2 = (EC + \sqrt{10}) \cdot EC$$
$$\frac{9}{5}EC^2 = EC^2 + \sqrt{10}\,EC$$
$$\frac{4}{5}EC^2 - \sqrt{10}\,EC = 0$$
$$\frac{4}{5}EC\left(EC - \frac{5\sqrt{10}}{4}\right) = 0$$

$EC \neq 0$ より $EC = \dfrac{5\sqrt{10}}{4}$ となるね。

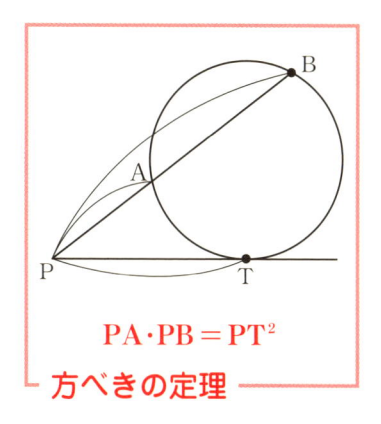

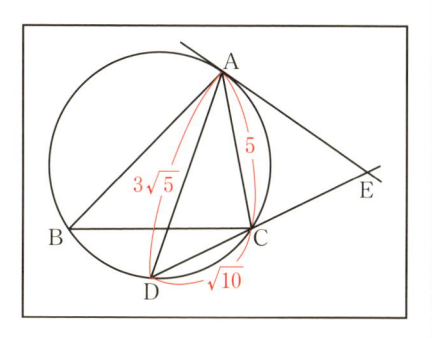

$PA \cdot PB = PT^2$
方べきの定理

これを①式に代入して

$$EA = \frac{3\sqrt{5}}{5}EC = \frac{3\sqrt{5}}{5} \times \frac{5\sqrt{10}}{4} = \boxed{\frac{15}{4}}\sqrt{\boxed{2}}$$

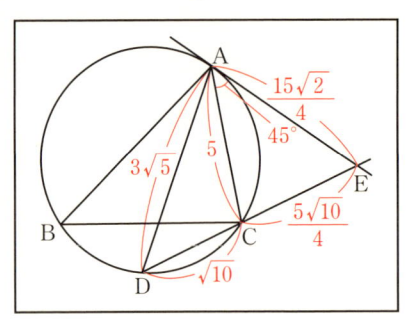

最後に三角形 ACE の面積を求めよう。

∠EAC = 45° となるので

$$\triangle ACE = \frac{1}{2} \times AE \times AC \times \sin 45°$$
$$= \frac{1}{2} \times \frac{15\sqrt{2}}{4} \times 5 \times \frac{1}{\sqrt{2}}$$
$$= \boxed{\frac{75}{8}}$$

それでは，解答をみてみよう。

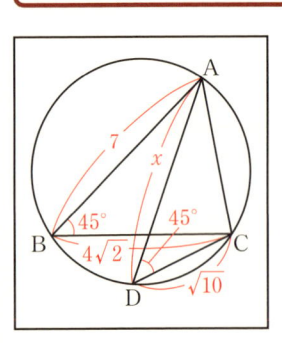

解答　A

余弦定理より
$$CA^2 = 49 + 32 - 2 \cdot 7 \cdot 4\sqrt{2} \cdot \cos 45°$$
$$= 25$$

CA > 0 より CA = $\boxed{5}$

外接円の半径を R とすると

$$2R = \frac{5}{\sin 45°}$$

$$R = \frac{5}{2\sin 45°} = \boxed{\frac{5}{2}}\sqrt{\boxed{2}}$$

$\overset{\frown}{AC}$ に対する円周角を考えて

$$\angle ADC = \angle ABC = \boxed{45}°$$

△ACD で余弦定理より

$$5^2 = x^2 + (\sqrt{10})^2 - 2 \cdot x \cdot \sqrt{10} \cdot \cos 45°$$

$$x^2 - \boxed{2}\sqrt{\boxed{5}}\,x - \boxed{15} = 0$$

$$(x - 3\sqrt{5})(x + \sqrt{5}) = 0$$

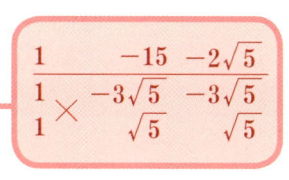

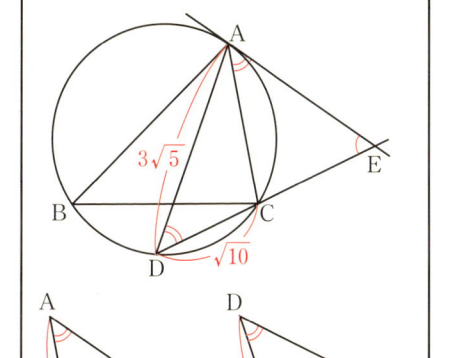

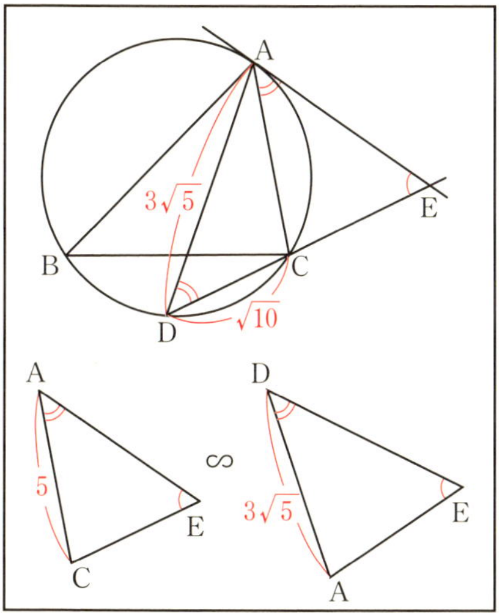

$x > 0$ より $AD = \boxed{3}\sqrt{\boxed{5}}$

	1	-15	$-2\sqrt{5}$
1	×	$-3\sqrt{5}$	$-3\sqrt{5}$
1		$\sqrt{5}$	$\sqrt{5}$

A が接点だから，接弦定理より

$$\angle CAE = \angle \underset{\boxed{1}}{ADE}$$

であるから $\triangle ACE$ と $\triangle DAE$ は相似である。
$\boxed{2}$

接弦定理

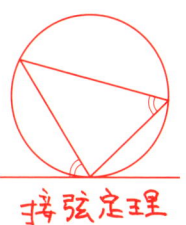

このとき

$$EC : EA = 5 : 3\sqrt{5}$$

$$5EA = 3\sqrt{5}\,EC$$

$$EA = \frac{\boxed{3}}{\boxed{5}}\sqrt{\boxed{5}}\,EC \quad \cdots\cdots ①$$

また，方べきの定理より

$$EA^2 = \underset{\boxed{5}}{ED \cdot EC} \quad \cdots\cdots ②$$

が成り立つ。

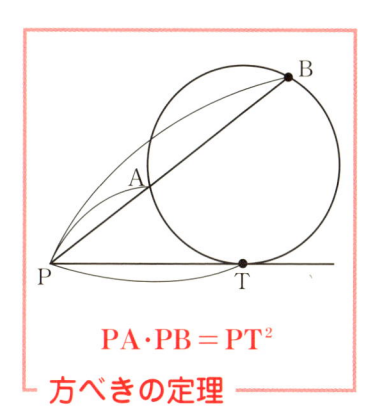

$PA \cdot PB = PT^2$

方べきの定理

①，②より

$$\left(\frac{3\sqrt{5}}{5}EC\right)^2 = ED \cdot EC$$

$$\frac{9}{5}EC^2 = ED \cdot EC$$

ここで ED = EC + $\sqrt{10}$ より

$$\frac{9}{5}EC^2 = (EC + \sqrt{10}) \cdot EC$$

$$\frac{4}{5}EC^2 - \sqrt{10}\,EC = 0$$

$$\frac{4}{5}EC\left(EC - \frac{5\sqrt{10}}{4}\right) = 0$$

EC ≠ 0 より EC = $\frac{5\sqrt{10}}{4}$

これを①式に代入

$$EA = \frac{3\sqrt{5}}{5} \times \frac{5\sqrt{10}}{4}$$

$$= \boxed{\frac{15}{4}}\sqrt{\boxed{2}}$$

また

$$\triangle ACE = \frac{1}{2} \times AE \times AC \times \sin 45°$$

$$= \frac{1}{2} \times \frac{15\sqrt{2}}{4} \times 5 \times \frac{1}{\sqrt{2}}$$

$$= \boxed{\frac{75}{8}}$$

まとめ INDEX

第1講 単元1 三角比の定義 …… P.031

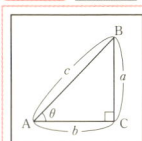

左図において
$$\sin\theta = \frac{a}{c}$$
$$\cos\theta = \frac{b}{c}$$
$$\tan\theta = \frac{a}{b}$$

特に30°, 45°, 60°の三角比の値は重要だから覚えてね。

θ	30°	45°	60°
$\sin\theta$	$\frac{1}{2}$	$\frac{1}{\sqrt{2}}$	$\frac{\sqrt{3}}{2}$
$\cos\theta$	$\frac{\sqrt{3}}{2}$	$\frac{1}{\sqrt{2}}$	$\frac{1}{2}$
$\tan\theta$	$\frac{1}{\sqrt{3}}$	1	$\sqrt{3}$

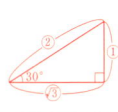

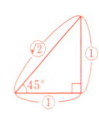

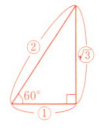

第1講 単元2 180°までの三角比 P.041

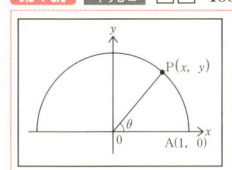

Oを中心とする半円周上の点 $P(x, y)$ を考える。$\angle AOP = \theta$ とすると
$$\cos\theta = x$$
$$\sin\theta = y$$
$$\tan\theta = \frac{y}{x}$$
(OPの傾き)

第1講 単元3 三角不等式 ……… P.048

$\sin\theta > \frac{1}{2}$ などの不等式を考えるときは

Step 1 $y = \frac{1}{2}$ となる θ を見つける。

Step 2 $y > \frac{1}{2}$ に対応する領域は $y = \frac{1}{2}$ の上方になることに注意して答えを導く。

第1講 単元4 90°±θ, 180°−θ の公式 ………… P.054

$\cos(90°-\theta) = \sin\theta$ $\cos(90°+\theta) = -\sin\theta$
$\sin(90°-\theta) = \cos\theta$ $\sin(90°+\theta) = \cos\theta$
$\tan(90°-\theta) = \frac{1}{\tan\theta}$ $\tan(90°+\theta) = -\frac{1}{\tan\theta}$
$\cos(180°-\theta) = -\cos\theta$
$\sin(180°-\theta) = \sin\theta$
$\tan(180°-\theta) = -\tan\theta$

まずは, sin, cos を図を描いて導けるようにしてね。慣れてきたら tan も導けるようにしてね。

第1講 単元5 三角比の相互関係式 P.058

① $\sin^2\theta + \cos^2\theta = 1$ ② $\tan\theta = \frac{\sin\theta}{\cos\theta}$

③ $1 + \tan^2\theta = \frac{1}{\cos^2\theta}$

第1講 単元6 $\sin\theta + \cos\theta = k$ P.064

$\sin\theta + \cos\theta = k$ のとき, 両辺を2乗すると
$$(\sin\theta + \cos\theta)^2 = k^2$$
$$\underline{\sin^2\theta} + 2\sin\theta\cos\theta + \underline{\cos^2\theta} = k^2$$
$$1 + 2\sin\theta\cos\theta = k^2$$
$$\sin\theta\cos\theta = \frac{k^2-1}{2}$$

つまり $\sin\theta + \cos\theta$ (和の値) が分かれば, $\sin\theta\cos\theta$ (積の値) が分かる。
また, これらを利用して, 様々な対称式の値を求められるよ。

第2講 単元1 正弦定理 ………… P.071

△ABC の外接円の半径を R とすると
$$\frac{a}{\sin A} = \frac{b}{\sin B} = \frac{c}{\sin C} = 2R$$
が成り立つ。

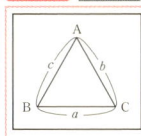

第2講 単元2 余弦定理 ………… P.076

$$a^2 = b^2 + c^2 - 2bc\cos A$$
$$b^2 = c^2 + a^2 - 2ca\cos B$$
$$c^2 = a^2 + b^2 - 2ab\cos C$$

が成り立つよ。また, これらは
$$\cos A = \frac{b^2 + c^2 - a^2}{2bc}$$
$$\cos B = \frac{c^2 + a^2 - b^2}{2ca}$$
$$\cos C = \frac{a^2 + b^2 - c^2}{2ab}$$

とも書けるよ。

第2講 単元3 □□ 三角形の面積と内接円の半径 ……………… P.082

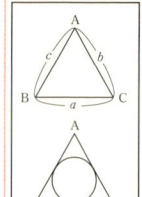

三角形 ABC の面積を S とすると
$$S = \frac{1}{2}ab\sin C$$
$$= \frac{1}{2}bc\sin A$$
$$= \frac{1}{2}ca\sin B$$
が成り立つ。また，三角形 ABC の内接円の半径を r とすると
$$S = \frac{r}{2}(a+b+c)$$
が成り立つよ。
外接円の半径 R は正弦定理を利用。
内接円の半径 r は面積を利用するんだよ。

第2講 単元4 □□ 角を二等分する線分の長さ ……………… P.085

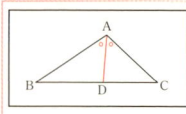

線分 AD の長さを求めるときは，
三角形の面積に注目する
$\triangle$ ABC $= \triangle$ ABD $+ \triangle$ ACD

第2講 単元5 □□ 三角関数の最大・最小 P.089

$y = 2 - \sin^2 x - \cos x$ $(0° \leqq x \leqq 180°)$ の最大値，最小値を求める問題では
$$\sin^2 x = 1 - \cos^2 x$$
$$\cos^2 x = 1 - \sin^2 x$$
などを利用して，変数を減らしていく

第2講 単元6 □□ $\sin A : \sin B : \sin C = a : b : c$ ………… P.092

正弦定理より $\dfrac{a}{\sin A} = \dfrac{b}{\sin B} = \dfrac{c}{\sin C} = 2R$
が成り立つので
$a = 2R\sin A,\ b = 2R\sin B,\ c = 2R\sin C$
よって $a : b : c = \sin A : \sin B : \sin C$
が成り立つ。

第2講 単元7 □□ 円に内接する四角形 P.099

四角形 ABCD が円に内接しているとき
$\angle$BAD $+ \angle$BCD $= 180°$
が成り立つ。

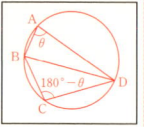

第2講 単元8 □□ 中線の長さ ……… P.104

三角形の頂点と対辺の中点を結ぶ線分を中線というよ。
中線を求める問題では
① 1つの角に注目して余弦定理を利用する。
② 中線定理を利用する。

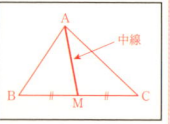

第2講 単元9 □□ 三角形の形状問題 P.111

$$\sin A = 2\cos B \sin C$$
などの条件が与えられたときは
$$\sin A = \frac{a}{2R},\ \sin B = \frac{b}{2R},\ \sin C = \frac{c}{2R}$$
正弦定理
や
$$\cos A = \frac{b^2+c^2-a^2}{2bc}$$
$$\cos B = \frac{c^2+a^2-b^2}{2ca}$$
$$\cos C = \frac{a^2+b^2-c^2}{2ab}$$
余弦定理
を利用して辺の関係に持ち込むと解決するよ！

第2講 単元10 □□ 三角不等式 ……… P.117

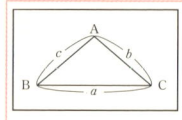

最大辺が a となる図のような三角形 ABC があるとき
$$a < b + c$$
が成り立つ。
また，a, b, c の大小関係が分からないときは
$$a < b+c \text{ かつ } b < c+a \text{ かつ } c < a+b$$
を考えなくてはいけない。
この3つの不等式は
$$|b-c| < a < b+c$$
とまとめられるよ。

第2講 単元11 □□ 18°, 36°の三角比 P.124

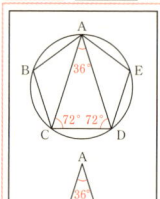

正五角形 ABCDE は円に内接する。$\triangle$ACD において $\angle$D の二等分線 DF を考える。
このとき
$\triangle$ACD ∞ $\triangle$DCF
を利用して，$\sin 18°$, $\cos 36°$ が求まるよ。

第3講 単元1 □□ 角の二等分線の定理 P.143

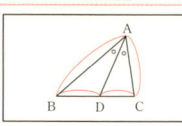

AD が $\angle$A の二等分線のとき
AB : AC $=$ BD : DC
が成り立つよ。

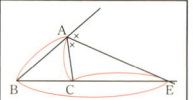

AE が $\angle$A の外角の二等分線のとき
AB : AC $=$ BE : CE
が成り立つよ。

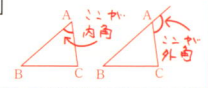

まとめINDEX　237

第3講 単元2 □□ 重心 …………… P.148

3中線 AE, BF, CD は1点で交わる。この交点を重心と呼ぶよ。
（頂点と中点を結ぶ線を中線というよ。）
また G に関して
AG : GE = 2 : 1
BG : GF = 2 : 1
CG : GD = 2 : 1
が成り立つよ。

第3講 単元3 □□ 内心 …………… P.153

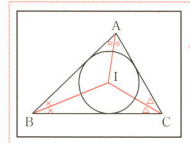

△ABC の内接円の中心を内心と呼ぶよ。
内心は角の二等分線の交点となるよ。

第3講 単元4 □□ 外心 …………… P.157

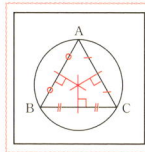

△ABC の外接円の中心を外心と呼ぶよ。
また，外心は AB, BC, CA の垂直二等分線の交点となるよ。

第3講 単元5 □□ 垂心 …………… P.161

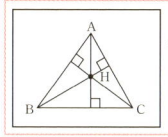

△ABC の各頂点から対辺へ垂線を下ろしたとき，1点で交わる。この交点を垂心というよ。

第3講 単元6 □□ 傍心 …………… P.167

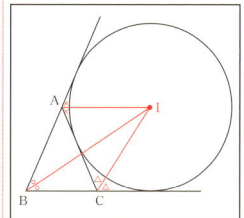

三角形の2つの頂点における外角の二等分線と，他の頂点における内角の二等分線は1点で交わる。この交点を傍心というよ。
1つの三角形に傍心は3つあるよ。

第3講 単元7 □□ メネラウスの定理 P.171

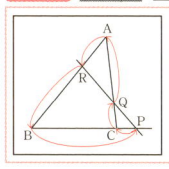

左図において
$$\frac{AR}{RB} \cdot \frac{BP}{PC} \cdot \frac{CQ}{QA} = 1$$
が成り立つよ。

第3講 単元8 □□ チェバの定理 …… P.174

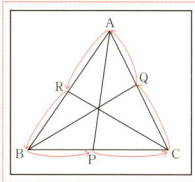

左図において
$$\frac{AR}{RB} \cdot \frac{BP}{PC} \cdot \frac{CQ}{QA} = 1$$
が成り立つよ。

第4講 単元1 □□ 円に内接する四角形 P.179

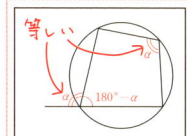

四角形が円に内接するとき
① 対角の和は 180°
② 内角は，その対角の外角に等しい。
が成り立つよ。

第4講 単元2 □□ 接弦定理 ………… P.183

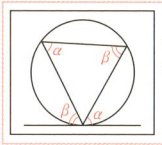

円の弦とその一端から引いた接線とのなす角は，その角内にある弧に対する円周角に等しい。

第4講 単元3 □□ 方べきの定理 …… P.187

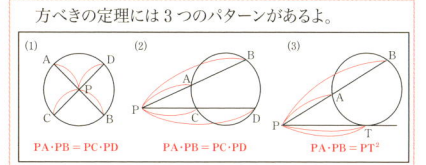

方べきの定理には3つのパターンがあるよ。
(1) PA・PB = PC・PD
(2) PA・PB = PC・PD
(3) PA・PB = PT^2

第4講 単元4 □□ 共通接線の長さ … P.191

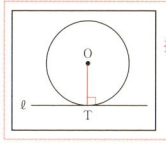

円と直線 ℓ が接するとき中心と接点を結ぶ線分は ℓ と直交する。

さくいん

記号・数字

θ	10
$90°-\theta$	49
$180°-\theta$	49

英字

cos	10
sin	10
tan	10

ア行

鋭角三角形	114
円周角の定理	133
円に内接する四角形	93, 134, 176

カ行

外角	140
外心	130, 154
外接円	130, 154
外分	126
角の二等分線の定理	127
共通接線の長さ	188
コサイン	10

サ行

サイン	10
三角関数の最小	86
三角関数の最大	86
三角形の形状問題	105
三角形の重心	128
三角形の内心	129
三角比	10, 24
三角比と座標	14
三角比の相互関係	12, 55
三角不等式	42, 112
三角形の内接円	20, 78
三角形の面積	20, 77
シータ	10
重心	128, 144
垂心	158
垂直二等分線	154
正弦	10
正弦定理	18, 66, 105
正接	10
接弦定理	134, 180, 230, 233

タ行

単位円	15
タンジェント	10
チェバの定理	132, 172
中線	100, 128
中点連結定理	146
直角三角形	114
トレミーの定理	97
鈍角三角形	114

ナ行

内角	140
内心	129, 149
内接円	129, 149
内接する	134
内分	126

ハ行

パップスの中線定理	102
半径の差	197
半径の和	197

2つの円の位置関係	138
辺の関係	105
傍心	162
方べきの定理	135, 184, 198, 231, 233

マ行

メネラウスの定理	131, 168

ヤ行

余弦	10
余弦定理	19, 72, 106

おわりに

数学がだんだん得意分野になっていくよ

　「図形と計量，図形の性質」の授業はここまで。よく頑張ったね。これで図形と計量，図形の性質の分野は十分に入試で通用する力が身についたはずだよ。最後にもう一度復習をしてみよう。自分の手を動かして問題を解いてみるんだ。ちゃんと理解しているなら最後の解答までたどり着けるけど，もし理解が浅いと途中で手がとまるだろうね。そんな問題があったら，もう一度解説を読んで，自分の手を動かして，解けるまで何度もやり直すべきだよ。

　受験数学の問題は決して簡単な問題ではないから，一回で解けるようになる必要はないんだ。何度もやり直して徐々に理解を深めていけばいいんだよ。そうやって解ける問題を一つひとつ増やしていくんだ。その地道な努力を続けていけば数学がだんだん得意分野になっていくよ。私と一緒に入試まで頑張りましょう！

カバー	●	一瀬錠二（アートオブノイズ）
カバー写真	●	川嶋隆義（スタジオポーキュパイン）
本文制作	●	BUCH+
本文イラスト	●	サワダサワコ

荻島の数学I・Aが
初歩からしっかり身につく
「図形と計量＋図形の性質」

2014年4月25日　初版　第1刷発行

著　者　荻島 勝
発行者　片岡 巖
発行所　株式会社技術評論社
　　　　東京都新宿区市谷左内町21-13
　　　　電話　03-3513-6150 販売促進部
　　　　　　　03-3267-2270 書籍編集部
印刷／製本　株式会社加藤文明社

定価はカバーに表示してあります。

本書の一部または全部を著作権法の定める範囲を越え、無断で複写、複製、転載、テープ化、ファイルに落とすことを禁じます。

©2014　荻島 勝

●本書に関する最新情報は、技術評論社ホームページ(http://gihyo.jp/)をご覧ください。
●本書へのご意見、ご感想は、技術評論社ホームページ(http://gihyo.jp/)または以下の宛先へ書面にてお受けしております。電話でのお問い合わせにはお答えいたしかねますので、あらかじめご了承ください。

〒162-0846
東京都新宿区市谷左内町21-13
株式会社技術評論社書籍編集部
『荻島の数学I・Aが初歩からしっかり身につく「図形と計量＋図形の性質」』係

造本には細心の注意を払っておりますが、万一、乱丁（ページの乱れ）や落丁（ページの抜け）がございましたら、小社販売促進部までお送りください。送料小社負担にてお取り替えいたします。

ISBN978-4-7741-6316-1　C7041

Printed in Japan